한솔 완벽한 연산

수학은 마라톤입니다.
지금 여러분은 출발 지점에 서 있습니다.
초등학교 저학년 때는
수학 마라톤을 잘 하기 위해
기초 체력을 튼튼히 길러야 합니다.

한솔 완벽한 연산으로 시작하세요.
마라톤을 잘 뛸 수 있는 완벽한 연산 실력을 키워줍니다.

이 책이 궁금해요!

? 왜 완벽한 연산인가요?

기초 연산은 물론, 학교 연산까지 이 책 시리즈 하나면 완벽하게 끝나기 때문입니다. '한솔 완벽한 연산'은 하루 8쪽씩, 5일 동안 4주분을 학습하고, 마지막 주에는 학교 시험에 완벽하게 대비할 수 있도록 '연산 UP' 16쪽을 추가로 제공합니다.
매일 꾸준한 연습으로 연산 실력을 키우기에 충분한 학습량입니다.
'한솔 완벽한 연산' 하나면 기초 연산도 학교 연산도 완벽하게 대비할 수 있습니다.

? 몇 단계로 구성되고, 몇 학년이 풀 수 있나요?

모두 6단계로 구성되어 있습니다.
'한솔 완벽한 연산'은 한 단계가 1개 학년이 아닙니다. 연산의 기초 훈련이 가장 필요한 시기인 초등 2~3학년에 집중하여 여러 단계로 구성하였습니다.
이 시기에는 수학의 기초 체력을 튼튼히 길러야 하니까요.

단계	권장 학년	학습 내용
MA	6~7세	100까지의 수, 더하기와 빼기
MB	초등 1~2학년	한 자리 수의 덧셈, 두 자리 수의 덧셈
MC	초등 1~2학년	두 자리 수의 덧셈과 뺄셈
MD	초등 2~3학년	두·세 자리 수의 덧셈과 뺄셈
ME	초등 2~3학년	곱셈구구, (두·세 자리 수)×(한 자리 수), (두·세 자리 수)÷(한 자리 수)
MF	초등 3~4학년	(두·세 자리 수)×(두 자리 수), (두·세 자리 수)÷(두 자리 수), 분수·소수의 덧셈과 뺄셈

책 한 권은 어떻게 구성되어 있나요?

책 한 권은 모두 4주 학습으로 구성되어 있습니다.
한 주는 모두 40쪽으로 하루에 8쪽씩, 5일 동안 푸는 것을 권장합니다.
마지막 5주차에는 학교 시험에 대비할 수 있는 '연산 UP'을 학습합니다.

'한솔 완벽한 연산'도 매일매일 풀어야 하나요?

물론입니다. 매일매일 규칙적으로 연습을 해야 연산 능력이 향상되기 때문입니다.
월요일부터 금요일까지 매일 8쪽씩, 4주 동안 규칙적으로 풀고, 마지막 주에 '연산 UP' 16쪽을 다 풀면 한 권 학습이 끝납니다.
매일매일 푸는 습관이 잡히면 개인 진도에 따라 두 달에 3권을 푸는 것도 가능합니다.

하루 8쪽씩이라구요? 너무 많은 양 아닌가요?

'한솔 완벽한 연산'은 술술 풀면서 잘 넘어가는 학습지입니다.
공부하는 학생 입장에서는 빽빽한 문제를 4쪽 푸는 것보다 술술 넘어가는 문제를 8쪽 푸는 것이 훨씬 큰 성취감을 느낄 수 있습니다.
'한솔 완벽한 연산'은 학생의 연령을 고려해 쪽당 학습량을 전략적으로 구성했습니다. 그래서 학생이 부담을 덜 느끼면서 효과적으로 학습할 수 있습니다.

 학교 진도와 맞추려면 어떻게 공부해야 하나요?

이 책은 한 권을 한 달 동안 푸는 것을 권장합니다.
각 단계별 학교 진도는 다음과 같습니다.

단계	MA	MB	MC	MD	ME	MF
권 수	8권	5권	7권	7권	7권	7권
학교 진도	초등 이전	초등 1학년	초등 2학년	초등 3학년	초등 3학년	초등 4학년

초등학교 1학년이 3월에 MB 단계부터 매달 1권씩 꾸준히 푼다고 한다면 2학년이 시작될 때 MD 단계를 풀게 되고, 3학년 때 MF 단계(4학년 과정)까지 마무리할 수 있습니다.
이 책 시리즈로 꼼꼼히 학습하게 되면 일반 방문학습지 못지 않게 충분한 연산 실력을 쌓게 되고 조금씩 다음 학년 진도까지 학습할 수 있다는 장점이 있습니다.
매일 꾸준히 성실하게 학습한다면 학년 구분 없이 원하는 진도를 스스로 계획하고 진행해 나갈 수 있습니다.

 '연산 UP'은 어떻게 공부해야 하나요?

'연산 UP'은 4주 동안 훈련한 연산 능력을 확인하는 과정이자 학교에서 흔히 접하는 계산 유형 문제까지 접할 수 있는 코너입니다.
'연산 UP'의 구성은 다음과 같습니다.

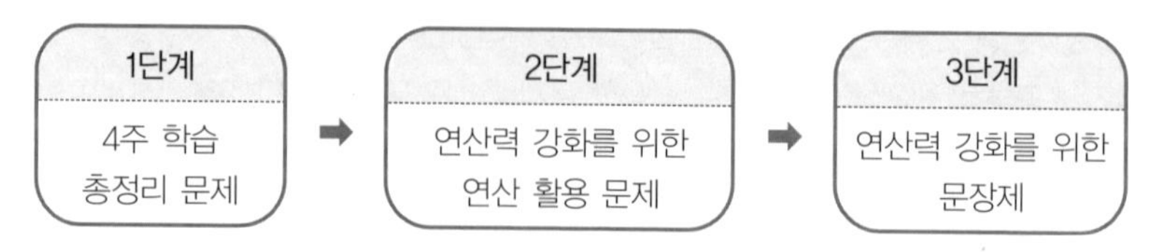

'연산 UP'은 모두 16쪽으로 구성되었으므로 하루 8쪽씩 2일 동안 학습하고, 다음 단계로 진행할 것을 권장합니다.

MA 6~7세

권	제목	주차별 학습 내용	
1	20까지의 수 1	1주	5까지의 수 (1)
		2주	5까지의 수 (2)
		3주	5까지의 수 (3)
		4주	10까지의 수
2	20까지의 수 2	1주	10까지의 수 (1)
		2주	10까지의 수 (2)
		3주	20까지의 수 (1)
		4주	20까지의 수 (2)
3	20까지의 수 3	1주	20까지의 수 (1)
		2주	20까지의 수 (2)
		3주	20까지의 수 (3)
		4주	20까지의 수 (4)
4	50까지의 수	1주	50까지의 수 (1)
		2주	50까지의 수 (2)
		3주	50까지의 수 (3)
		4주	50까지의 수 (4)
5	1000까지의 수	1주	100까지의 수 (1)
		2주	100까지의 수 (2)
		3주	100까지의 수 (3)
		4주	1000까지의 수
6	수 가르기와 모으기	1주	수 가르기 (1)
		2주	수 가르기 (2)
		3주	수 모으기 (1)
		4주	수 모으기 (2)
7	덧셈의 기초	1주	상황 속 덧셈
		2주	더하기 1
		3주	더하기 2
		4주	더하기 3
8	뺄셈의 기초	1주	상황 속 뺄셈
		2주	빼기 1
		3주	빼기 2
		4주	빼기 3

MB 초등 1 · 2학년 ①

권	제목	주차별 학습 내용	
1	덧셈 1	1주	받아올림이 없는 (한 자리 수)+(한 자리 수) (1)
		2주	받아올림이 없는 (한 자리 수)+(한 자리 수) (2)
		3주	받아올림이 없는 (한 자리 수)+(한 자리 수) (3)
		4주	받아올림이 없는 (두 자리 수)+(한 자리 수)
2	덧셈 2	1주	받아올림이 없는 (두 자리 수)+(한 자리 수)
		2주	받아올림이 있는 (한 자리 수)+(한 자리 수) (1)
		3주	받아올림이 있는 (한 자리 수)+(한 자리 수) (2)
		4주	받아올림이 있는 (한 자리 수)+(한 자리 수) (3)
3	뺄셈 1	1주	(한 자리 수)−(한 자리 수) (1)
		2주	(한 자리 수)−(한 자리 수) (2)
		3주	(한 자리 수)−(한 자리 수) (3)
		4주	받아내림이 없는 (두 자리 수)−(한 자리 수)
4	뺄셈 2	1주	받아내림이 없는 (두 자리 수)−(한 자리 수)
		2주	받아내림이 있는 (두 자리 수)−(한 자리 수) (1)
		3주	받아내림이 있는 (두 자리 수)−(한 자리 수) (2)
		4주	받아내림이 있는 (두 자리 수)−(한 자리 수) (3)
5	덧셈과 뺄셈의 완성	1주	(한 자리 수)+(한 자리 수), (한 자리 수)−(한 자리 수)
		2주	세 수의 덧셈, 세 수의 뺄셈 (1)
		3주	(한 자리 수)+(한 자리 수), (두 자리 수)−(한 자리 수)
		4주	세 수의 덧셈, 세 수의 뺄셈 (2)

초등 1 · 2학년 ②

권	제목	주차별 학습 내용	
1	두 자리 수의 덧셈 1	1주	받아올림이 없는 (두 자리 수)+(한 자리 수)
		2주	몇십 만들기
		3주	받아올림이 있는 (두 자리 수)+(한 자리 수) (1)
		4주	받아올림이 있는 (두 자리 수)+(한 자리 수) (2)
2	두 자리 수의 덧셈 2	1주	받아올림이 없는 (두 자리 수)+(두 자리 수) (1)
		2주	받아올림이 없는 (두 자리 수)+(두 자리 수) (2)
		3주	받아올림이 없는 (두 자리 수)+(두 자리 수) (3)
		4주	받아올림이 없는 (두 자리 수)+(두 자리 수) (4)
3	두 자리 수의 덧셈 3	1주	받아올림이 있는 (두 자리 수)+(두 자리 수) (1)
		2주	받아올림이 있는 (두 자리 수)+(두 자리 수) (2)
		3주	받아올림이 있는 (두 자리 수)+(두 자리 수) (3)
		4주	받아올림이 있는 (두 자리 수)+(두 자리 수) (4)
4	두 자리 수의 뺄셈 1	1주	받아내림이 없는 (두 자리 수)−(한 자리 수)
		2주	몇십에서 빼기
		3주	받아내림이 있는 (두 자리 수)−(한 자리 수) (1)
		4주	받아내림이 있는 (두 자리 수)−(한 자리 수) (2)
5	두 자리 수의 뺄셈 2	1주	받아내림이 없는 (두 자리 수)−(두 자리 수) (1)
		2주	받아내림이 없는 (두 자리 수)−(두 자리 수) (2)
		3주	받아내림이 없는 (두 자리 수)−(두 자리 수) (3)
		4주	받아내림이 없는 (두 자리 수)−(두 자리 수) (4)
6	두 자리 수의 뺄셈 3	1주	받아내림이 있는 (두 자리 수)−(두 자리 수) (1)
		2주	받아내림이 있는 (두 자리 수)−(두 자리 수) (2)
		3주	받아내림이 있는 (두 자리 수)−(두 자리 수) (3)
		4주	받아내림이 있는 (두 자리 수)−(두 자리 수) (4)
7	덧셈과 뺄셈의 완성	1주	세 수의 덧셈
		2주	세 수의 뺄셈
		3주	(두 자리 수)+(한 자리 수), (두 자리 수)−(한 자리 수) 종합
		4주	(두 자리 수)+(두 자리 수), (두 자리 수)−(두 자리 수) 종합

초등 2 · 3학년 ①

권	제목	주차별 학습 내용	
1	두 자리 수의 덧셈	1주	받아올림이 있는 (두 자리 수)+(두 자리 수) (1)
		2주	받아올림이 있는 (두 자리 수)+(두 자리 수) (2)
		3주	받아올림이 있는 (두 자리 수)+(두 자리 수) (3)
		4주	받아올림이 있는 (두 자리 수)+(두 자리 수) (4)
2	세 자리 수의 덧셈 1	1주	받아올림이 없는 (세 자리 수)+(두 자리 수)
		2주	받아올림이 있는 (세 자리 수)+(두 자리 수) (1)
		3주	받아올림이 있는 (세 자리 수)+(두 자리 수) (2)
		4주	받아올림이 있는 (세 자리 수)+(두 자리 수) (3)
3	세 자리 수의 덧셈 2	1주	받아올림이 있는 (세 자리 수)+(세 자리 수) (1)
		2주	받아올림이 있는 (세 자리 수)+(세 자리 수) (2)
		3주	받아올림이 있는 (세 자리 수)+(세 자리 수) (3)
		4주	받아올림이 있는 (세 자리 수)+(세 자리 수) (4)
4	두·세 자리 수의 뺄셈	1주	받아내림이 있는 (두 자리 수)−(두 자리 수) (1)
		2주	받아내림이 있는 (두 자리 수)−(두 자리 수) (2)
		3주	받아내림이 있는 (두 자리 수)−(두 자리 수) (3)
		4주	받아내림이 없는 (세 자리 수)−(두 자리 수)
5	세 자리 수의 뺄셈 1	1주	받아내림이 있는 (세 자리 수)−(두 자리 수) (1)
		2주	받아내림이 있는 (세 자리 수)−(두 자리 수) (2)
		3주	받아내림이 있는 (세 자리 수)−(두 자리 수) (3)
		4주	받아내림이 있는 (세 자리 수)−(두 자리 수) (4)
6	세 자리 수의 뺄셈 2	1주	받아내림이 있는 (세 자리 수)−(세 자리 수) (1)
		2주	받아내림이 있는 (세 자리 수)−(세 자리 수) (2)
		3주	받아내림이 있는 (세 자리 수)−(세 자리 수) (3)
		4주	받아내림이 있는 (세 자리 수)−(세 자리 수) (4)
7	덧셈과 뺄셈의 완성	1주	덧셈의 완성 (1)
		2주	덧셈의 완성 (2)
		3주	뺄셈의 완성 (1)
		4주	뺄셈의 완성 (2)

초등 2 · 3학년 ②

권	제목	주차별 학습 내용	
1	곱셈구구	1주	곱셈구구 (1)
		2주	곱셈구구 (2)
		3주	곱셈구구 (3)
		4주	곱셈구구 (4)
2	(두 자리 수)×(한 자리 수) 1	1주	곱셈구구 종합
		2주	(두 자리 수)×(한 자리 수) (1)
		3주	(두 자리 수)×(한 자리 수) (2)
		4주	(두 자리 수)×(한 자리 수) (3)
3	(두 자리 수)×(한 자리 수) 2	1주	(두 자리 수)×(한 자리 수) (1)
		2주	(두 자리 수)×(한 자리 수) (2)
		3주	(두 자리 수)×(한 자리 수) (3)
		4주	(두 자리 수)×(한 자리 수) (4)
4	(세 자리 수)×(한 자리 수)	1주	(세 자리 수)×(한 자리 수) (1)
		2주	(세 자리 수)×(한 자리 수) (2)
		3주	(세 자리 수)×(한 자리 수) (3)
		4주	곱셈 종합
5	(두 자리 수)÷(한 자리 수) 1	1주	나눗셈의 기초 (1)
		2주	나눗셈의 기초 (2)
		3주	나눗셈의 기초 (3)
		4주	(두 자리 수)÷(한 자리 수)
6	(두 자리 수)÷(한 자리 수) 2	1주	(두 자리 수)÷(한 자리 수) (1)
		2주	(두 자리 수)÷(한 자리 수) (2)
		3주	(두 자리 수)÷(한 자리 수) (3)
		4주	(두 자리 수)÷(한 자리 수) (4)
7	(두·세 자리 수)÷(한 자리 수)	1주	(두 자리 수)÷(한 자리 수) (1)
		2주	(두 자리 수)÷(한 자리 수) (2)
		3주	(세 자리 수)÷(한 자리 수) (1)
		4주	(세 자리 수)÷(한 자리 수) (2)

MF 초등 3 · 4학년

권	제목	주차별 학습 내용	
1	(두 자리 수)×(두 자리 수)	1주	(두 자리 수)×(한 자리 수)
		2주	(두 자리 수)×(두 자리 수) (1)
		3주	(두 자리 수)×(두 자리 수) (2)
		4주	(두 자리 수)×(두 자리 수) (3)
2	(두·세 자리 수)×(두 자리 수)	1주	(두 자리 수)×(두 자리 수)
		2주	(세 자리 수)×(두 자리 수) (1)
		3주	(세 자리 수)×(두 자리 수) (2)
		4주	곱셈의 완성
3	(두 자리 수)÷(두 자리 수)	1주	(두 자리 수)÷(두 자리 수) (1)
		2주	(두 자리 수)÷(두 자리 수) (2)
		3주	(두 자리 수)÷(두 자리 수) (3)
		4주	(두 자리 수)÷(두 자리 수) (4)
4	(세 자리 수)÷(두 자리 수)	1주	(세 자리 수)÷(두 자리 수) (1)
		2주	(세 자리 수)÷(두 자리 수) (2)
		3주	(세 자리 수)÷(두 자리 수) (3)
		4주	나눗셈의 완성
5	혼합 계산	1주	혼합 계산 (1)
		2주	혼합 계산 (2)
		3주	혼합 계산 (3)
		4주	곱셈과 나눗셈, 혼합 계산 총정리
6	분수의 덧셈과 뺄셈	1주	분수의 덧셈 (1)
		2주	분수의 덧셈 (2)
		3주	분수의 뺄셈 (1)
		4주	분수의 뺄셈 (2)
7	소수의 덧셈과 뺄셈	1주	분수의 덧셈과 뺄셈
		2주	소수의 기초, 소수의 덧셈과 뺄셈 (1)
		3주	소수의 덧셈과 뺄셈 (2)
		4주	소수의 덧셈과 뺄셈 (3)

주별 학습 내용 MF단계 ❹권

1주 (세 자리 수)÷(두 자리 수) (1) ······ 9

2주 (세 자리 수)÷(두 자리 수) (2) ······ 51

3주 (세 자리 수)÷(두 자리 수) (3) ······ 93

4주 나눗셈의 완성 ······ 135

연산 UP ······ 177

정답 ······ 195

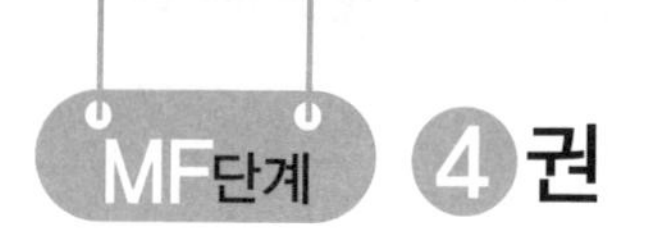

(세 자리 수)÷(두 자리 수) (1)

요일	교재 번호	학습한 날짜	확인
1일차(월)	01~08	월 일	
2일차(화)	09~16	월 일	
3일차(수)	17~24	월 일	
4일차(목)	25~32	월 일	
5일차(금)	33~40	월 일	

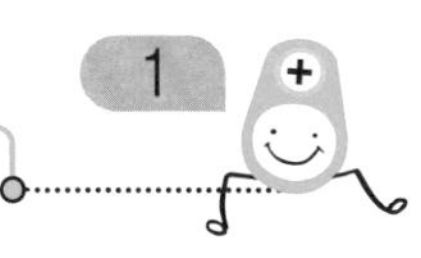

● 나눗셈을 하시오.

(1)

$17\overline{)34}$

(2)

$12\overline{)38}$

(3)

$24\overline{)54}$

(4)

$14\overline{)59}$

(5)

$31\overline{)36}$

(6)

$43\overline{)68}$

(7)

$13\overline{)70}$

(8)

$11\overline{)74}$

(9)

$$14\overline{)40}$$

(10)

$$16\overline{)80}$$

(11)

$$27\overline{)78}$$

(12)

$$17\overline{)89}$$

(13)

$$31\overline{)65}$$

(14)

$$22\overline{)92}$$

(15)

$$12\overline{)86}$$

(16)

$$25\overline{)90}$$

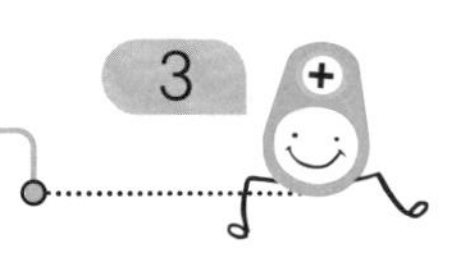

● |보기|와 같이 나눗셈을 하시오.

|보기|

```
       8
   ┌─────
20 ) 1 6 0
     1 6 0
   ───────
         0
```

(1)

$20 \overline{)\, 120}$

(2)

$40 \overline{)\, 320}$

(3)

$30 \overline{)\, 150}$

(4)

$90 \overline{)\, 180}$

(5)

$50 \overline{)\, 300}$

(6)

$$20\overline{)140}$$

(7)

$$30\overline{)210}$$

(8)

$$50\overline{)400}$$

(9)

$$40\overline{)240}$$

(10)

$$60\overline{)540}$$

(11)

$$70\overline{)630}$$

● 나눗셈을 하시오.

(1)

$40\overline{)360}$

(4)

$70\overline{)560}$

(2)

$50\overline{)350}$

(5)

$80\overline{)720}$

(3)

$60\overline{)420}$

(6)

$90\overline{)630}$

(7)

$$60\overline{)240}$$

(8)

$$70\overline{)490}$$

(9)

$$80\overline{)320}$$

(10)

$$70\overline{)420}$$

(11)

$$80\overline{)640}$$

(12)

$$90\overline{)450}$$

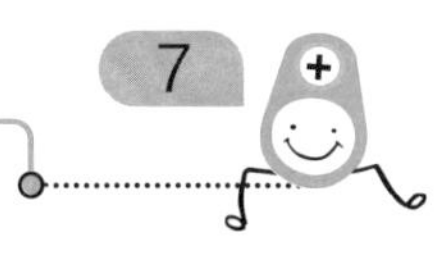

● 나눗셈을 하시오.

(1)
$$20 \overline{)180}$$
답: 9

(4)
$$40 \overline{)280}$$

(2)
$$30 \overline{)270}$$
답: □

(5)
$$60 \overline{)360}$$

(3)
$$50 \overline{)150}$$
답: □

(6)
$$70 \overline{)350}$$

Talk

$$\begin{array}{r} 9 \\ 20 \overline{)180} \\ 180 \\ \hline 0 \end{array}$$

→ 계산 과정을 쓰지 않고 바로 몫을 구하는 연습을 합니다.

(7)

$40\overline{)\,200}$

(8)

$60\overline{)\,480}$

(9)

$50\overline{)\,250}$

(10)

$70\overline{)\,280}$

(11)

$80\overline{)\,560}$

(12)

$90\overline{)\,720}$

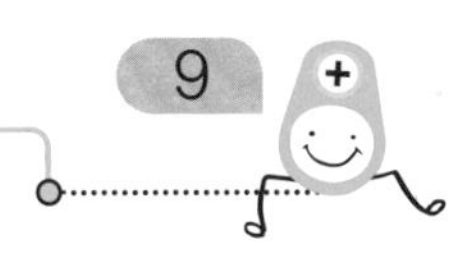

● 나눗셈을 하시오.

(1)

$20 \overline{)\,100}$

(2)

$40 \overline{)\,160}$

(3)

$30 \overline{)\,120}$

(4)

$60 \overline{)\,120}$

(5)

$70 \overline{)\,140}$

(6)

$50 \overline{)\,450}$

(7)

$40\overline{)120}$

(8)

$60\overline{)300}$

(9)

$70\overline{)210}$

(10)

$30\overline{)240}$

(11)

$80\overline{)480}$

(12)

$90\overline{)360}$

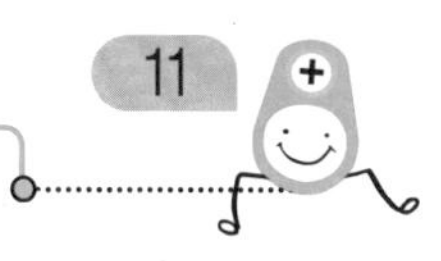

● |보기|와 같이 나눗셈을 하시오.

|보기|

$$\begin{array}{r} 5 \\ 20\overline{)110} \\ 100 \\ \hline 10 \end{array}$$

(1)

$30\overline{)130}$

(2)

$40\overline{)190}$

(3)

$30\overline{)200}$

(4)

$50\overline{)270}$

(5)

$40\overline{)260}$

(6)

$$30\overline{)230}$$

(7)

$$50\overline{)190}$$

(8)

$$70\overline{)220}$$

(9)

$$40\overline{)170}$$

(10)

$$60\overline{)170}$$

(11)

$$50\overline{)360}$$

● 나눗셈을 하시오.

(1)

$50\overline{)330}$

(4)

$70\overline{)360}$

(2)

$40\overline{)340}$

(5)

$60\overline{)230}$

(3)

$80\overline{)340}$

(6)

$90\overline{)310}$

(7)

$$60\overline{)390}$$

(8)

$$90\overline{)380}$$

(9)

$$80\overline{)600}$$

(10)

$$80\overline{)440}$$

(11)

$$70\overline{)470}$$

(12)

$$90\overline{)190}$$

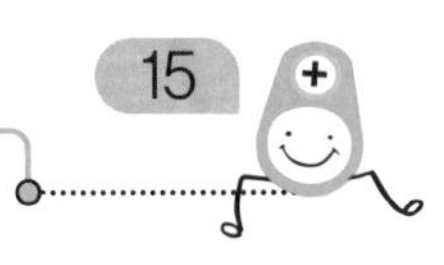

● 나눗셈을 하시오.

(1) $30 \overline{) 290}$ 　 9 … 20

(2) $50 \overline{) 260}$ 　 □ … □

(3) $80 \overline{) 150}$ 　 □ … □

(4) $40 \overline{) 380}$

(5) $60 \overline{) 340}$

(6) $70 \overline{) 450}$

Talk 계산 과정을 쓰지 않고 바로 몫과 나머지를 구하는 연습을 합니다.

(7)

$$40 \overline{)110}$$

(8)

$$80 \overline{)660}$$

(9)

$$70 \overline{)530}$$

(10)

$$50 \overline{)460}$$

(11)

$$60 \overline{)350}$$

(12)

$$90 \overline{)250}$$

● 나눗셈을 하시오.

(1)

$20 \overline{)170}$

(4)

$30 \overline{)260}$

(2)

$40 \overline{)370}$

(5)

$60 \overline{)150}$

(3)

$50 \overline{)140}$

(6)

$70 \overline{)610}$

(7)

$50\overline{)410}$

(8)

$80\overline{)740}$

(9)

$40\overline{)290}$

(10)

$70\overline{)170}$

(11)

$60\overline{)460}$

(12)

$90\overline{)750}$

● 나눗셈을 하시오.

(1) $20\overline{)162}$ 답: 8 … 2

(2) $40\overline{)327}$ 답: □ … □

(3) $30\overline{)214}$ 답: □ … □

(4) $30\overline{)186}$

(5) $20\overline{)146}$

(6) $50\overline{)453}$

(7)

$$20\overline{)135}$$

(8)

$$50\overline{)382}$$

(9)

$$40\overline{)174}$$

(10)

$$30\overline{)265}$$

(11)

$$60\overline{)244}$$

(12)

$$70\overline{)359}$$

● 나눗셈을 하시오.

(1)

$40 \overline{)258}$

(4)

$70 \overline{)493}$

(2)

$50 \overline{)271}$

(5)

$80 \overline{)246}$

(3)

$90 \overline{)458}$

(6)

$60 \overline{)549}$

(7)

$$60\overline{)315}$$

(10)

$$70\overline{)651}$$

(8)

$$90\overline{)554}$$

(11)

$$80\overline{)568}$$

(9)

$$80\overline{)492}$$

(12)

$$90\overline{)668}$$

● 나눗셈을 하시오.

(1)

$20\overline{)173}$

(2)

$30\overline{)198}$

(3)

$50\overline{)254}$

(4)

$40\overline{)351}$

(5)

$60\overline{)185}$

(6)

$70\overline{)427}$

(7)

$$50\overline{)372}$$

(8)

$$80\overline{)723}$$

(9)

$$70\overline{)582}$$

(10)

$$40\overline{)248}$$

(11)

$$60\overline{)435}$$

(12)

$$90\overline{)564}$$

● 나눗셈을 하시오.

(1)

$20\overline{)147}$

(2)

$40\overline{)321}$

(3)

$50\overline{)252}$

(4)

$30\overline{)195}$

(5)

$70\overline{)216}$

(6)

$80\overline{)363}$

(7)

$40\overline{)153}$

(8)

$30\overline{)274}$

(9)

$70\overline{)445}$

(10)

$60\overline{)163}$

(11)

$80\overline{)552}$

(12)

$90\overline{)731}$

● 보기 와 같이 나눗셈을 하시오.

보기

$$\begin{array}{r} 11 \\ 20\overline{)230} \\ \underline{20} \\ 30 \\ \underline{20} \\ 10 \end{array}$$

(1) $30\overline{)370}$

(2) $20\overline{)340}$

(3) $50\overline{)520}$

(4) $40\overline{)510}$

(5) $30\overline{)430}$

(6)

$20\overline{)410}$

(9)

$60\overline{)710}$

(7)

$50\overline{)730}$

(10)

$80\overline{)890}$

(8)

$40\overline{)840}$

(11)

$70\overline{)920}$

● 나눗셈을 하시오.

(1)

$40\overline{)490}$

(2)

$30\overline{)520}$

(3)

$50\overline{)800}$

(4)

$20\overline{)320}$

(5)

$60\overline{)630}$

(6)

$30\overline{)740}$

(7)

$60 \overline{)840}$

(10)

$50 \overline{)680}$

(8)

$70 \overline{)860}$

(11)

$90 \overline{)950}$

(9)

$40 \overline{)890}$

(12)

$80 \overline{)850}$

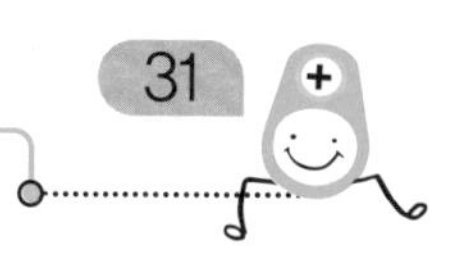

● 나눗셈을 하시오.

(1) $20 \overline{)550}$ → 27 … 10

(2) $60 \overline{)650}$ → □□ … □

(3) $50 \overline{)720}$ → □□ … □

(4) $40 \overline{)630}$

(5) $30 \overline{)480}$

(6) $70 \overline{)830}$

(7)

$$40\overline{)570}$$

(8)

$$60\overline{)820}$$

(9)

$$90\overline{)940}$$

(10)

$$50\overline{)600}$$

(11)

$$70\overline{)960}$$

(12)

$$80\overline{)910}$$

● 나눗셈을 하시오.

(1)

$$20 \overline{)430}$$

(4)

$$40 \overline{)470}$$

(2)

$$70 \overline{)840}$$

(5)

$$30 \overline{)580}$$

(3)

$$50 \overline{)810}$$

(6)

$$60 \overline{)700}$$

(7)

$$40\overline{)730}$$

(10)

$$30\overline{)690}$$

(8)

$$80\overline{)870}$$

(11)

$$50\overline{)590}$$

(9)

$$20\overline{)770}$$

(12)

$$90\overline{)960}$$

● 나눗셈을 하시오.

(1) $20 \overline{)245}$ … 답: 12 … 5

(2) $40 \overline{)485}$ … □□ … □

(3) $50 \overline{)557}$ … □□ … □

(4) $30 \overline{)392}$

(5) $20 \overline{)463}$

(6) $30 \overline{)931}$

(7)

$$20\overline{)451}$$

(8)

$$50\overline{)628}$$

(9)

$$40\overline{)572}$$

(10)

$$30\overline{)648}$$

(11)

$$40\overline{)803}$$

(12)

$$50\overline{)714}$$

● 나눗셈을 하시오.

(1)

$20\overline{)514}$

(4)

$50\overline{)847}$

(2)

$30\overline{)696}$

(5)

$60\overline{)665}$

(3)

$40\overline{)703}$

(6)

$70\overline{)918}$

(7)

$60\overline{)792}$

(10)

$40\overline{)862}$

(8)

$50\overline{)954}$

(11)

$80\overline{)893}$

(9)

$70\overline{)855}$

(12)

$90\overline{)956}$

● 나눗셈을 하시오.

(1)

$$30\overline{)459}$$

(4)

$$20\overline{)637}$$

(2)

$$40\overline{)528}$$

(5)

$$60\overline{)825}$$

(3)

$$70\overline{)752}$$

(6)

$$50\overline{)673}$$

(7)

$50\overline{)756}$

(10)

$40\overline{)874}$

(8)

$80\overline{)904}$

(11)

$60\overline{)688}$

(9)

$70\overline{)938}$

(12)

$90\overline{)995}$

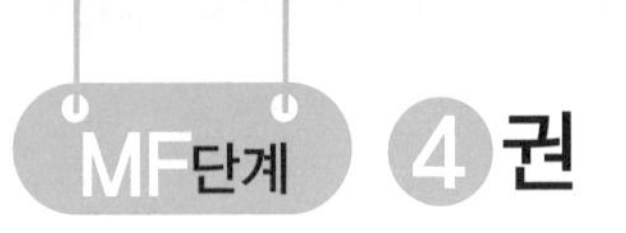

(세 자리 수)÷(두 자리 수) (2)

요일	교재 번호	학습한 날짜	확인
1일차(월)	01~08	월 일	
2일차(화)	09~16	월 일	
3일차(수)	17~24	월 일	
4일차(목)	25~32	월 일	
5일차(금)	33~40	월 일	

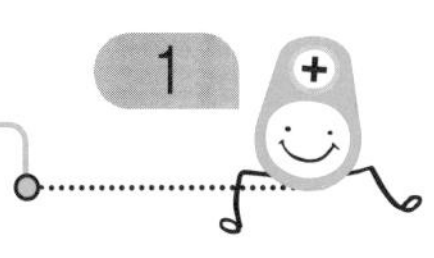

● 나눗셈을 하시오.

(1)

$20 \overline{)140}$

(4)

$30 \overline{)735}$

(2)

$30 \overline{)280}$

(5)

$60 \overline{)140}$

(3)

$50 \overline{)620}$

(6)

$40 \overline{)742}$

(7)

$$60 \overline{)489}$$

(8)

$$70 \overline{)334}$$

(9)

$$40 \overline{)640}$$

(10)

$$70 \overline{)935}$$

(11)

$$80 \overline{)517}$$

(12)

$$90 \overline{)843}$$

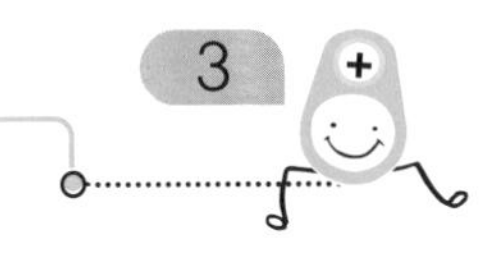

● 나눗셈을 하시오.

(1)

$11\overline{)110}$

(2)

$12\overline{)420}$

(3)

$14\overline{)200}$

(4)

$17\overline{)240}$

(5)

$23\overline{)400}$

(6)

$25\overline{)370}$

(7)

$16\overline{)480}$

(10)

$13\overline{)190}$

(8)

$24\overline{)350}$

(11)

$32\overline{)700}$

(9)

$42\overline{)520}$

(12)

$55\overline{)800}$

● 나눗셈을 하시오.

(1)

$25\overline{)500}$

(4)

$33\overline{)720}$

(2)

$22\overline{)300}$

(5)

$14\overline{)180}$

(3)

$27\overline{)670}$

(6)

$53\overline{)910}$

(7)

$$36\overline{)550}$$

(8)

$$17\overline{)400}$$

(9)

$$29\overline{)830}$$

(10)

$$48\overline{)660}$$

(11)

$$37\overline{)740}$$

(12)

$$65\overline{)900}$$

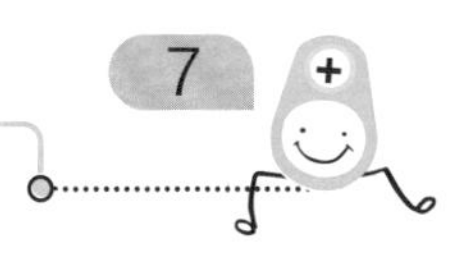

● 나눗셈을 하시오.

(1)

$$12\overline{)170}$$

(4)

$$15\overline{)290}$$

(2)

$$18\overline{)200}$$

(5)

$$24\overline{)360}$$

(3)

$$34\overline{)600}$$

(6)

$$28\overline{)620}$$

(7)

$$36\overline{)430}$$

(8)

$$28\overline{)530}$$

(9)

$$13\overline{)300}$$

(10)

$$65\overline{)910}$$

(11)

$$52\overline{)700}$$

(12)

$$72\overline{)940}$$

● 나눗셈을 하시오.

(1)

$13\overline{)170}$

(4)

$21\overline{)270}$

(2)

$19\overline{)200}$

(5)

$26\overline{)650}$

(3)

$31\overline{)390}$

(6)

$35\overline{)570}$

(7)

$34\overline{)530}$

(10)

$45\overline{)840}$

(8)

$54\overline{)760}$

(11)

$23\overline{)660}$

(9)

$25\overline{)450}$

(12)

$52\overline{)900}$

● 나눗셈을 하시오.

(1)

$15\overline{)190}$

(2)

$14\overline{)210}$

(3)

$17\overline{)280}$

(4)

$22\overline{)280}$

(5)

$29\overline{)640}$

(6)

$32\overline{)381}$

(7)

$$14\overline{)360}$$

(8)

$$13\overline{)250}$$

(9)

$$27\overline{)580}$$

(10)

$$16\overline{)480}$$

(11)

$$26\overline{)332}$$

(12)

$$63\overline{)820}$$

● 나눗셈을 하시오.

(1)

$24\overline{)360}$

(2)

$37\overline{)470}$

(3)

$71\overline{)920}$

(4)

$16\overline{)180}$

(5)

$28\overline{)753}$

(6)

$33\overline{)680}$

(7)

$12\overline{)150}$

(8)

$25\overline{)730}$

(9)

$26\overline{)390}$

(10)

$37\overline{)649}$

(11)

$33\overline{)440}$

(12)

$53\overline{)860}$

● 나눗셈을 하시오.

(1)

$18 \overline{)320}$

(4)

$23 \overline{)350}$

(2)

$22 \overline{)560}$

(5)

$46 \overline{)950}$

(3)

$15 \overline{)165}$

(6)

$42 \overline{)630}$

(7)

$$33\overline{)510}$$

(8)

$$51\overline{)620}$$

(9)

$$27\overline{)870}$$

(10)

$$19\overline{)780}$$

(11)

$$45\overline{)765}$$

(12)

$$61\overline{)930}$$

● 나눗셈을 하시오.

(1)

$12\overline{)140}$

(4)

$21\overline{)419}$

(2)

$14\overline{)230}$

(5)

$42\overline{)710}$

(3)

$15\overline{)610}$

(6)

$34\overline{)850}$

(7)

$16\overline{)260}$

(8)

$32\overline{)780}$

(9)

$45\overline{)810}$

(10)

$21\overline{)598}$

(11)

$32\overline{)480}$

(12)

$52\overline{)940}$

● 나눗셈을 하시오.

(1)

$$13\overline{)156}$$

(2)

$$17\overline{)193}$$

(3)

$$23\overline{)512}$$

(4)

$$22\overline{)316}$$

(5)

$$26\overline{)625}$$

(6)

$$27\overline{)343}$$

(7)

$$14 \overline{)165}$$

(8)

$$18 \overline{)234}$$

(9)

$$32 \overline{)667}$$

(10)

$$28 \overline{)846}$$

(11)

$$22 \overline{)437}$$

(12)

$$73 \overline{)853}$$

● 나눗셈을 하시오.

(1)

$12\overline{)225}$

(2)

$22\overline{)465}$

(3)

$41\overline{)753}$

(4)

$52\overline{)624}$

(5)

$62\overline{)982}$

(6)

$33\overline{)378}$

(7)

$$21\overline{)645}$$

(8)

$$15\overline{)569}$$

(9)

$$34\overline{)735}$$

(10)

$$18\overline{)288}$$

(11)

$$41\overline{)826}$$

(12)

$$53\overline{)953}$$

● 나눗셈을 하시오.

(1)

$15 \overline{)198}$

(4)

$43 \overline{)721}$

(2)

$38 \overline{)798}$

(5)

$23 \overline{)594}$

(3)

$27 \overline{)325}$

(6)

$54 \overline{)669}$

(7)

$$32\overline{)548}$$

(8)

$$25\overline{)388}$$

(9)

$$48\overline{)864}$$

(10)

$$52\overline{)848}$$

(11)

$$14\overline{)453}$$

(12)

$$65\overline{)954}$$

● 나눗셈을 하시오.

(1)

$11\overline{)185}$

(2)

$33\overline{)564}$

(3)

$16\overline{)196}$

(4)

$22\overline{)452}$

(5)

$36\overline{)432}$

(6)

$22\overline{)735}$

(7)

$$41\overline{)646}$$

(8)

$$53\overline{)854}$$

(9)

$$21\overline{)327}$$

(10)

$$15\overline{)284}$$

(11)

$$44\overline{)792}$$

(12)

$$76\overline{)961}$$

● 나눗셈을 하시오.

(1)

$$25\overline{)100}$$

(4)

$$34\overline{)220}$$

(2)

$$68\overline{)340}$$

(5)

$$73\overline{)530}$$

(3)

$$43\overline{)120}$$

(6)

$$63\overline{)420}$$

(7)

$23\overline{)170}$

(8)

$72\overline{)690}$

(9)

$36\overline{)310}$

(10)

$45\overline{)360}$

(11)

$28\overline{)150}$

(12)

$83\overline{)700}$

● 나눗셈을 하시오.

(1)

$$56\overline{)280}$$

(2)

$$65\overline{)570}$$

(3)

$$95\overline{)910}$$

(4)

$$52\overline{)460}$$

(5)

$$84\overline{)790}$$

(6)

$$61\overline{)470}$$

(7)

$85 \overline{)510}$

(8)

$74 \overline{)620}$

(9)

$92 \overline{)740}$

(10)

$42 \overline{)270}$

(11)

$86 \overline{)810}$

(12)

$93 \overline{)920}$

● 나눗셈을 하시오.

(1)

$32 \overline{)280}$

(4)

$58 \overline{)290}$

(2)

$42 \overline{)160}$

(5)

$84 \overline{)680}$

(3)

$72 \overline{)560}$

(6)

$63 \overline{)375}$

(7)

$$62\overline{)450}$$

(8)

$$83\overline{)750}$$

(9)

$$85\overline{)820}$$

(10)

$$53\overline{)320}$$

(11)

$$75\overline{)600}$$

(12)

$$94\overline{)802}$$

● 나눗셈을 하시오.

(1)

$24\overline{)110}$

(4)

$85\overline{)710}$

(2)

$44\overline{)410}$

(5)

$35\overline{)280}$

(3)

$32\overline{)150}$

(6)

$92\overline{)850}$

(7)

$85 \overline{) 680}$

(10)

$74 \overline{) 520}$

(8)

$34 \overline{) 230}$

(11)

$97 \overline{) 963}$

(9)

$67 \overline{) 340}$

(12)

$54 \overline{) 510}$

● 나눗셈을 하시오.

(1)

$35\overline{)210}$

(4)

$54\overline{)132}$

(2)

$63\overline{)543}$

(5)

$63\overline{)178}$

(3)

$43\overline{)263}$

(6)

$75\overline{)583}$

(7)

$81\overline{)752}$

(10)

$42\overline{)379}$

(8)

$34\overline{)145}$

(11)

$95\overline{)665}$

(9)

$54\overline{)352}$

(12)

$72\overline{)468}$

● 나눗셈을 하시오.

(1)

$21\overline{)148}$

(4)

$68\overline{)615}$

(2)

$71\overline{)436}$

(5)

$86\overline{)724}$

(3)

$89\overline{)872}$

(6)

$99\overline{)801}$

(7)

$$76\overline{)557}$$

(8)

$$53\overline{)267}$$

(9)

$$62\overline{)496}$$

(10)

$$82\overline{)485}$$

(11)

$$93\overline{)813}$$

(12)

$$94\overline{)922}$$

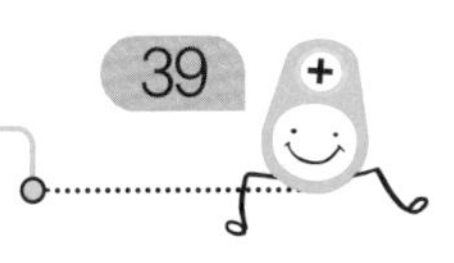

● 나눗셈을 하시오.

(1)

$44\overline{)282}$

(4)

$52\overline{)187}$

(2)

$87\overline{)783}$

(5)

$82\overline{)336}$

(3)

$64\overline{)383}$

(6)

$92\overline{)673}$

(7)

$$83\overline{)675}$$

(8)

$$94\overline{)751}$$

(9)

$$33\overline{)165}$$

(10)

$$77\overline{)588}$$

(11)

$$73\overline{)425}$$

(12)

$$95\overline{)874}$$

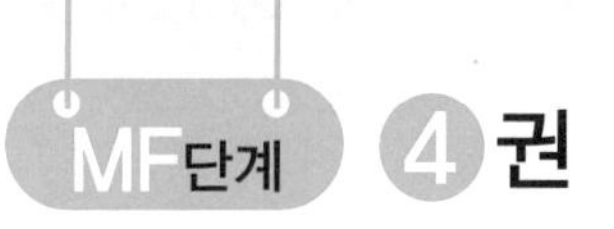

(세 자리 수) ÷ (두 자리 수) (3)

요일	교재 번호	학습한 날짜	확인
1일차(월)	01~08	월 일	
2일차(화)	09~16	월 일	
3일차(수)	17~24	월 일	
4일차(목)	25~32	월 일	
5일차(금)	33~40	월 일	

● 나눗셈을 하시오.

(1)

$$25 \overline{)650}$$

(2)

$$22 \overline{)147}$$

(3)

$$13 \overline{)250}$$

(4)

$$65 \overline{)824}$$

(5)

$$82 \overline{)440}$$

(6)

$$48 \overline{)360}$$

(7)

$$29 \overline{)495}$$

(10)

$$57 \overline{)620}$$

(8)

$$34 \overline{)190}$$

(11)

$$91 \overline{)885}$$

(9)

$$62 \overline{)248}$$

(12)

$$43 \overline{)526}$$

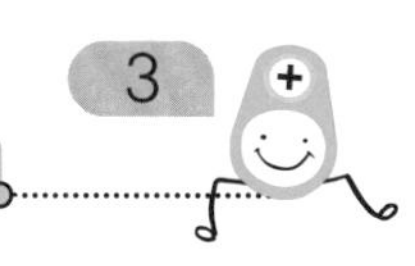

● 나눗셈을 하시오.

(1)

$11\overline{)183}$

(2)

$44\overline{)334}$

(3)

$23\overline{)427}$

(4)

$13\overline{)626}$

(5)

$31\overline{)155}$

(6)

$62\overline{)538}$

(7)

$$41\overline{)225}$$

(10)

$$85\overline{)618}$$

(8)

$$31\overline{)514}$$

(11)

$$24\overline{)312}$$

(9)

$$52\overline{)232}$$

(12)

$$78\overline{)950}$$

● 나눗셈을 하시오.

(1)

$$41\overline{)158}$$

(4)

$$36\overline{)362}$$

(2)

$$22\overline{)454}$$

(5)

$$71\overline{)547}$$

(3)

$$32\overline{)480}$$

(6)

$$87\overline{)945}$$

(7)

$$15\overline{)135}$$

(8)

$$24\overline{)442}$$

(9)

$$26\overline{)372}$$

(10)

$$42\overline{)236}$$

(11)

$$36\overline{)758}$$

(12)

$$53\overline{)425}$$

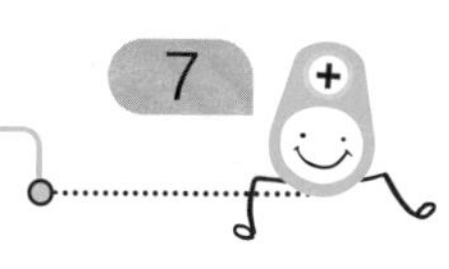

● 나눗셈을 하시오.

(1)

$21\overline{)352}$

(4)

$25\overline{)168}$

(2)

$43\overline{)301}$

(5)

$47\overline{)533}$

(3)

$61\overline{)575}$

(6)

$34\overline{)692}$

(7)

$$28\overline{)142}$$

(10)

$$14\overline{)287}$$

(8)

$$49\overline{)278}$$

(11)

$$51\overline{)563}$$

(9)

$$29\overline{)464}$$

(12)

$$34\overline{)316}$$

● 나눗셈을 하시오.

(1)

$$32\overline{)128}$$

(4)

$$21\overline{)317}$$

(2)

$$18\overline{)578}$$

(5)

$$41\overline{)243}$$

(3)

$$52\overline{)391}$$

(6)

$$35\overline{)429}$$

(7)

$$13\overline{)241}$$

(8)

$$24\overline{)432}$$

(9)

$$53\overline{)378}$$

(10)

$$22\overline{)195}$$

(11)

$$34\overline{)562}$$

(12)

$$87\overline{)655}$$

● 나눗셈을 하시오.

(1)

$$64\overline{)465}$$

(4)

$$36\overline{)504}$$

(2)

$$78\overline{)583}$$

(5)

$$46\overline{)764}$$

(3)

$$25\overline{)937}$$

(6)

$$97\overline{)869}$$

(7)

$37\overline{)542}$

(8)

$26\overline{)749}$

(9)

$91\overline{)819}$

(10)

$88\overline{)624}$

(11)

$67\overline{)918}$

(12)

$86\overline{)636}$

● 나눗셈을 하시오.

(1)

$46\overline{)736}$

(4)

$29\overline{)593}$

(2)

$33\overline{)173}$

(5)

$98\overline{)721}$

(3)

$95\overline{)846}$

(6)

$62\overline{)938}$

(7)

$96\overline{)531}$

(10)

$44\overline{)264}$

(8)

$69\overline{)917}$

(11)

$86\overline{)672}$

(9)

$57\overline{)967}$

(12)

$36\overline{)835}$

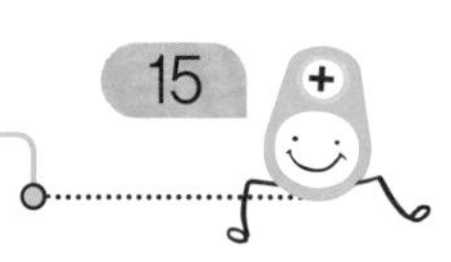

● 나눗셈을 하시오.

(1)

$76\overline{)592}$

(4)

$12\overline{)435}$

(2)

$67\overline{)804}$

(5)

$89\overline{)633}$

(3)

$98\overline{)964}$

(6)

$48\overline{)718}$

(7)

$55\overline{)777}$

(10)

$87\overline{)696}$

(8)

$73\overline{)506}$

(11)

$94\overline{)853}$

(9)

$47\overline{)689}$

(12)

$32\overline{)924}$

● 나눗셈을 하시오.

(1)

$26\overline{)598}$

(4)

$86\overline{)739}$

(2)

$47\overline{)711}$

(5)

$14\overline{)237}$

(3)

$77\overline{)682}$

(6)

$97\overline{)832}$

(7)

$$49\overline{)671}$$

(8)

$$56\overline{)932}$$

(9)

$$82\overline{)738}$$

(10)

$$79\overline{)518}$$

(11)

$$68\overline{)835}$$

(12)

$$99\overline{)870}$$

● 나눗셈을 하시오.

(1)

$$53\overline{)198}$$

(4)

$$28\overline{)196}$$

(2)

$$38\overline{)522}$$

(5)

$$14\overline{)356}$$

(3)

$$63\overline{)434}$$

(6)

$$46\overline{)669}$$

(7)

$$39\overline{)539}$$

(8)

$$51\overline{)376}$$

(9)

$$48\overline{)643}$$

(10)

$$45\overline{)276}$$

(11)

$$17\overline{)476}$$

(12)

$$82\overline{)763}$$

● 나눗셈을 하시오.

(1)

$$27\overline{)405}$$

(2)

$$43\overline{)354}$$

(3)

$$94\overline{)627}$$

(4)

$$61\overline{)751}$$

(5)

$$83\overline{)543}$$

(6)

$$74\overline{)826}$$

(7)

$$67\overline{)482}$$

(8)

$$42\overline{)837}$$

(9)

$$54\overline{)324}$$

(10)

$$35\overline{)635}$$

(11)

$$41\overline{)939}$$

(12)

$$84\overline{)734}$$

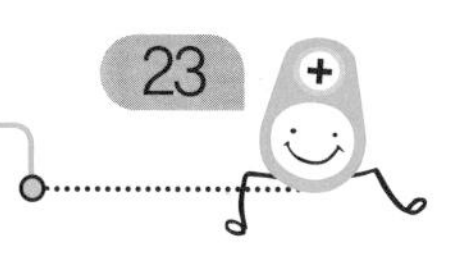

● 나눗셈을 하시오.

(1)

$44\overline{)185}$

(2)

$57\overline{)252}$

(3)

$52\overline{)784}$

(4)

$31\overline{)558}$

(5)

$62\overline{)328}$

(6)

$32\overline{)647}$

(7)

$29\overline{)342}$

(10)

$11\overline{)238}$

(8)

$85\overline{)791}$

(11)

$95\overline{)488}$

(9)

$71\overline{)639}$

(12)

$32\overline{)845}$

● 나눗셈을 하시오.

(1)

$14\overline{)548}$

(2)

$64\overline{)827}$

(3)

$26\overline{)416}$

(4)

$45\overline{)263}$

(5)

$95\overline{)766}$

(6)

$73\overline{)532}$

(7)

$$56\overline{)224}$$

(8)

$$63\overline{)742}$$

(9)

$$72\overline{)513}$$

(10)

$$35\overline{)178}$$

(11)

$$27\overline{)467}$$

(12)

$$57\overline{)829}$$

● 나눗셈을 하시오.

(1)

$65\overline{)516}$

(4)

$13\overline{)207}$

(2)

$58\overline{)344}$

(5)

$53\overline{)742}$

(3)

$66\overline{)880}$

★(6)

$53\overline{)7420}$

(몫: □□□, 아래: □□)

(7)

$26 \overline{)130}$

(10)

$16 \overline{)345}$

(8)

$44 \overline{)637}$

(11)

$67 \overline{)455}$

(9)

$74 \overline{)486}$

(12)

$55 \overline{)781}$

● 나눗셈을 하시오.

(1)

$$71\overline{)430}$$

(2)

$$22\overline{)614}$$

(3)

$$83\overline{)536}$$

(4)

$$54\overline{)864}$$

(5)

$$61\overline{)272}$$

(6)

$$24\overline{)2760}$$

(7)

$46\overline{)379}$

(8)

$31\overline{)468}$

(9)

$44\overline{)970}$

(10)

$24\overline{)551}$

(11)

$84\overline{)471}$

(12)

$96\overline{)768}$

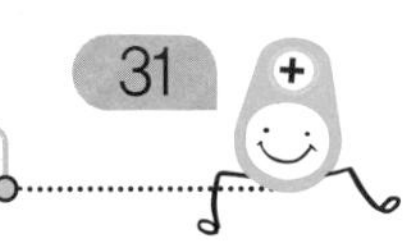

● 나눗셈을 하시오.

(1)

$19\overline{)273}$

(2)

$36\overline{)108}$

(3)

$26\overline{)341}$

(4)

$32\overline{)828}$

(5)

$72\overline{)384}$

(6)

$13\overline{)4873}$

(7)

$$25\overline{)550}$$

(8)

$$52\overline{)385}$$

(9)

$$84\overline{)600}$$

(10)

$$48\overline{)215}$$

(11)

$$38\overline{)412}$$

(12)

$$43\overline{)818}$$

● 나눗셈을 하시오.

(1)

$15\overline{)314}$

(2)

$86\overline{)528}$

(3)

$35\overline{)770}$

(4)

$27\overline{)169}$

(5)

$55\overline{)246}$

(6)

$14\overline{)3854}$

(7)

$14\overline{)281}$

(8)

$83\overline{)388}$

(9)

$44\overline{)852}$

(10)

$61\overline{)426}$

(11)

$31\overline{)744}$

(12)

$76\overline{)648}$

● 나눗셈을 하시오.

(1)

$54\overline{)363}$

(4)

$36\overline{)752}$

(2)

$29\overline{)436}$

(5)

$45\overline{)225}$

(3)

$18\overline{)165}$

★(6)

$45\overline{)2250}$ (몫: □□)

(7)

$74\overline{)735}$

(10)

$21\overline{)189}$

(8)

$11\overline{)244}$

(11)

$24\overline{)840}$

(9)

$91\overline{)746}$

(12)

$38\overline{)674}$

● 나눗셈을 하시오.

(1)

$19\overline{)400}$

(4)

$73\overline{)365}$

(2)

$66\overline{)417}$

(5)

$33\overline{)856}$

(3)

$81\overline{)524}$

(6)

$21\overline{)1825}$

(7)

$56 \overline{)723}$

(10)

$46 \overline{)163}$

(8)

$14 \overline{)406}$

(11)

$57 \overline{)458}$

(9)

$88 \overline{)573}$

(12)

$64 \overline{)892}$

● 나눗셈을 하시오.

(1)

$51\overline{)491}$

(4)

$13\overline{)428}$

(2)

$37\overline{)615}$

(5)

$84\overline{)336}$

(3)

$71\overline{)584}$

(6)

$44\overline{)3541}$

(7)

$22\overline{)550}$

(10)

$44\overline{)152}$

(8)

$75\overline{)359}$

(11)

$39\overline{)658}$

(9)

$54\overline{)912}$

(12)

$96\overline{)774}$

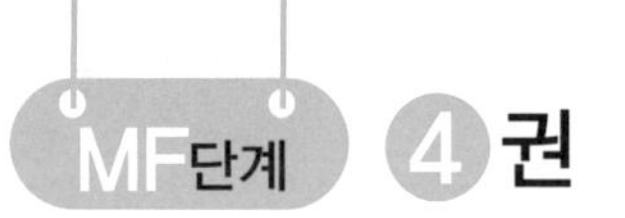

나눗셈의 완성

요일	교재 번호	학습한 날짜	확인
1일차(월)	01~08	월 일	
2일차(화)	09~16	월 일	
3일차(수)	17~24	월 일	
4일차(목)	25~32	월 일	
5일차(금)	33~40	월 일	

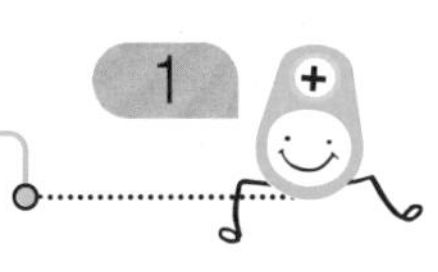

● 나눗셈을 하시오.

(1)

$5\overline{)35}$

(2)

$2\overline{)41}$

(3)

$6\overline{)44}$

(4)

$3\overline{)85}$

(5)

$9\overline{)60}$

(6)

$4\overline{)67}$

(7)

$7\overline{)77}$

(8)

$6\overline{)59}$

(9)

$$3 \overline{)16}$$

(10)

$$9 \overline{)81}$$

(11)

$$2 \overline{)25}$$

(12)

$$7 \overline{)96}$$

(13)

$$4 \overline{)63}$$

(14)

$$8 \overline{)71}$$

(15)

$$2 \overline{)32}$$

(16)

$$5 \overline{)39}$$

● 나눗셈을 하시오.

(1)

$2\overline{)73}$

(2)

$6\overline{)28}$

(3)

$4\overline{)75}$

(4)

$3\overline{)57}$

(5)

$3\overline{)14}$

(6)

$5\overline{)30}$

(7)

$2\overline{)43}$

(8)

$7\overline{)86}$

(9)

$8\overline{)64}$

(10)

$4\overline{)78}$

(11)

$5\overline{)83}$

(12)

$6\overline{)95}$

(13)

$2\overline{)53}$

(14)

$6\overline{)46}$

(15)

$3\overline{)56}$

(16)

$7\overline{)21}$

● 나눗셈을 하시오.

(1)

$5\overline{)17}$

(2)

$6\overline{)72}$

(3)

$3\overline{)47}$

(4)

$4\overline{)66}$

(5)

$2\overline{)33}$

(6)

$4\overline{)26}$

(7)

$5\overline{)84}$

(8)

$2\overline{)55}$

(9)

$4\overline{)\,38}$

(10)

$2\overline{)\,51}$

(11)

$5\overline{)\,68}$

(12)

$7\overline{)\,76}$

(13)

$9\overline{)\,54}$

(14)

$6\overline{)\,82}$

(15)

$3\overline{)\,50}$

(16)

$4\overline{)\,89}$

● 나눗셈을 하시오.

(1) $7\overline{)48}$

(2) $2\overline{)37}$

(3) $3\overline{)65}$

(4) $2\overline{)27}$

(5) $9\overline{)42}$

(6) $4\overline{)56}$

(7) $5\overline{)79}$

(8) $6\overline{)88}$

(9)

$8\overline{)62}$

(10)

$4\overline{)52}$

(11)

$3\overline{)74}$

(12)

$9\overline{)58}$

(13)

$6\overline{)98}$

(14)

$5\overline{)87}$

(15)

$4\overline{)91}$

(16)

$7\overline{)99}$

● 나눗셈을 하시오.

(1)

$2\overline{)31}$

(2)

$5\overline{)62}$

(3)

$3\overline{)93}$

(4)

$7\overline{)60}$

(5)

$4\overline{)70}$

(6)

$8\overline{)46}$

(7)

$4\overline{)54}$

(8)

$9\overline{)34}$

(9)

$6\overline{)90}$

(13)

$9\overline{)70}$

(10)

$5\overline{)74}$

(14)

$4\overline{)74}$

(11)

$8\overline{)52}$

(15)

$2\overline{)43}$

(12)

$3\overline{)61}$

(16)

$7\overline{)82}$

● 나눗셈을 하시오.

(1)

$3\overline{)184}$

(2)

$2\overline{)338}$

(3)

$6\overline{)719}$

(4)

$2\overline{)279}$

(5)

$7\overline{)556}$

(6)

$9\overline{)615}$

(7)

$2\overline{)551}$

(8)

$6\overline{)251}$

(9)

$6\overline{)757}$

(10)

$8\overline{)490}$

(11)

$5\overline{)105}$

(12)

$4\overline{)678}$

(13)

$5\overline{)388}$

(14)

$7\overline{)914}$

● 나눗셈을 하시오.

(1)

$4\overline{)265}$

(4)

$5\overline{)163}$

(2)

$3\overline{)659}$

(5)

$2\overline{)378}$

(3)

$7\overline{)592}$

(6)

$6\overline{)723}$

(7)

$3\overline{)421}$

(8)

$4\overline{)157}$

(9)

$7\overline{)514}$

(10)

$8\overline{)765}$

(11)

$8\overline{)648}$

(12)

$2\overline{)329}$

(13)

$5\overline{)257}$

(14)

$6\overline{)932}$

● 나눗셈을 하시오.

(1)

$2\overline{)244}$

(2)

$8\overline{)526}$

(3)

$9\overline{)833}$

(4)

$7\overline{)187}$

(5)

$3\overline{)443}$

(6)

$6\overline{)472}$

(7)

$3 \overline{)\,218}$

(8)

$4 \overline{)\,140}$

(9)

$8 \overline{)\,631}$

(10)

$2 \overline{)\,563}$

(11)

$6 \overline{)\,818}$

(12)

$7 \overline{)\,880}$

(13)

$5 \overline{)\,441}$

(14)

$9 \overline{)\,869}$

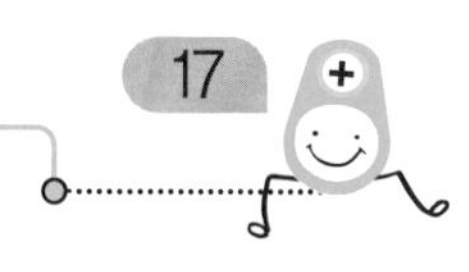

● 나눗셈을 하시오.

(1)

$$15\overline{)45}$$

(5)

$$17\overline{)36}$$

(2)

$$12\overline{)28}$$

(6)

$$13\overline{)72}$$

(3)

$$21\overline{)65}$$

(7)

$$18\overline{)77}$$

(4)

$$11\overline{)58}$$

(8)

$$12\overline{)76}$$

(9)

$$15\overline{)67}$$

(10)

$$26\overline{)52}$$

(11)

$$12\overline{)39}$$

(12)

$$14\overline{)87}$$

(13)

$$19\overline{)57}$$

(14)

$$17\overline{)89}$$

(15)

$$27\overline{)92}$$

(16)

$$32\overline{)80}$$

● 나눗셈을 하시오.

(1)

$21\overline{)46}$

(2)

$12\overline{)37}$

(3)

$37\overline{)66}$

(4)

$14\overline{)73}$

(5)

$16\overline{)64}$

(6)

$18\overline{)53}$

(7)

$13\overline{)78}$

(8)

$28\overline{)68}$

(9)

$17\overline{)71}$

(10)

$41\overline{)82}$

(11)

$19\overline{)63}$

(12)

$11\overline{)47}$

(13)

$28\overline{)84}$

(14)

$14\overline{)35}$

(15)

$15\overline{)88}$

(16)

$26\overline{)93}$

● 나눗셈을 하시오.

(1)

$$12\overline{)48}$$

(2)

$$27\overline{)74}$$

(3)

$$15\overline{)33}$$

(4)

$$18\overline{)83}$$

(5)

$$22\overline{)50}$$

(6)

$$14\overline{)70}$$

(7)

$$16\overline{)54}$$

(8)

$$31\overline{)97}$$

(9)

$18\overline{)54}$

(10)

$12\overline{)62}$

(11)

$16\overline{)32}$

(12)

$23\overline{)91}$

(13)

$11\overline{)27}$

(14)

$13\overline{)86}$

(15)

$14\overline{)49}$

(16)

$42\overline{)94}$

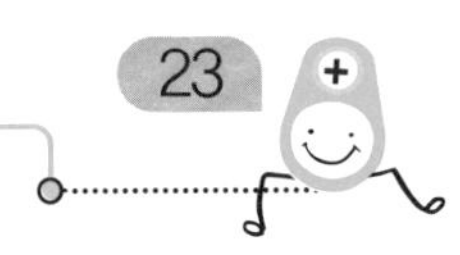

● 나눗셈을 하시오.

(1)

$17\overline{)40}$

(2)

$18\overline{)43}$

(3)

$38\overline{)76}$

(4)

$13\overline{)55}$

(5)

$29\overline{)87}$

(6)

$15\overline{)42}$

(7)

$21\overline{)69}$

(8)

$16\overline{)85}$

(9)

$$19\overline{)44}$$

(13)

$$23\overline{)51}$$

(10)

$$18\overline{)61}$$

(14)

$$12\overline{)96}$$

(11)

$$27\overline{)81}$$

(15)

$$16\overline{)38}$$

(12)

$$28\overline{)90}$$

(16)

$$14\overline{)79}$$

● 나눗셈을 하시오.

(1)

$40\overline{)175}$

(4)

$24\overline{)542}$

(2)

$34\overline{)238}$

(5)

$53\overline{)380}$

(3)

$63\overline{)434}$

(6)

$55\overline{)672}$

(7)

$$34\overline{)194}$$

(8)

$$56\overline{)321}$$

(9)

$$25\overline{)268}$$

(10)

$$14\overline{)448}$$

(11)

$$81\overline{)783}$$

(12)

$$96\overline{)800}$$

● 나눗셈을 하시오.

(1)

$31 \overline{)186}$

(4)

$25 \overline{)385}$

(2)

$65 \overline{)523}$

(5)

$46 \overline{)258}$

(3)

$53 \overline{)624}$

(6)

$72 \overline{)476}$

(7)

$26\overline{)432}$

(10)

$42\overline{)237}$

(8)

$57\overline{)386}$

(11)

$34\overline{)510}$

(9)

$84\overline{)734}$

(12)

$98\overline{)820}$

● 나눗셈을 하시오.

(1)

$35\overline{)176}$

(2)

$47\overline{)282}$

(3)

$55\overline{)864}$

(4)

$28\overline{)323}$

(5)

$76\overline{)429}$

(6)

$43\overline{)621}$

(7)

$23 \overline{)452}$

(8)

$41 \overline{)861}$

(9)

$92 \overline{)564}$

(10)

$54 \overline{)266}$

(11)

$61 \overline{)365}$

(12)

$36 \overline{)641}$

● 나눗셈을 하시오.

(1)

$63\overline{)252}$

(2)

$15\overline{)316}$

(3)

$52\overline{)847}$

(4)

$81\overline{)682}$

(5)

$46\overline{)562}$

(6)

$37\overline{)430}$

(7)

$18\overline{)284}$

(10)

$78\overline{)506}$

(8)

$83\overline{)763}$

(11)

$26\overline{)611}$

(9)

$43\overline{)645}$

(12)

$33\overline{)482}$

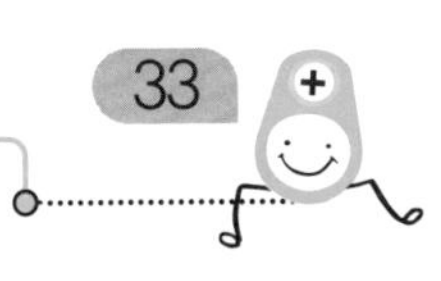

● 나눗셈을 하시오.

(1)

$52 \overline{)270}$

(4)

$74 \overline{)444}$

(2)

$17 \overline{)368}$

(5)

$38 \overline{)536}$

(3)

$65 \overline{)742}$

(6)

$21 \overline{)2450}$

(7)

$$34\overline{)566}$$

(8)

$$67\overline{)396}$$

(9)

$$42\overline{)837}$$

(10)

$$54\overline{)472}$$

(11)

$$13\overline{)273}$$

(12)

$$15\overline{)1265}$$

● 나눗셈을 하시오.

(1)

$55\overline{)324}$

(4)

$47\overline{)578}$

(2)

$35\overline{)665}$

(5)

$75\overline{)425}$

(3)

$26\overline{)921}$

(6)

$14\overline{)3740}$

(7)

$$14\overline{)247}$$

(8)

$$54\overline{)668}$$

(9)

$$74\overline{)582}$$

(10)

$$87\overline{)783}$$

(11)

$$23\overline{)359}$$

(12)

$$34\overline{)2630}$$

● 나눗셈을 하시오.

(1)

$$16\overline{)224}$$

(4)

$$53\overline{)423}$$

(2)

$$84\overline{)674}$$

(5)

$$24\overline{)315}$$

(3)

$$36\overline{)572}$$

(6)

$$42\overline{)1674}$$

(7)

$$17\overline{)285}$$

(8)

$$28\overline{)437}$$

(9)

$$68\overline{)546}$$

(10)

$$56\overline{)336}$$

(11)

$$44\overline{)782}$$

(12)

$$13\overline{)2710}$$

● 나눗셈을 하시오.

(1)

$16\overline{)346}$

(2)

$25\overline{)442}$

(3)

$43\overline{)558}$

(4)

$93\overline{)814}$

(5)

$48\overline{)288}$

(6)

$34\overline{)5620}$

(7)

$22\overline{)317}$

(8)

$85\overline{)785}$

(9)

$35\overline{)427}$

(10)

$78\overline{)673}$

(11)

$18\overline{)504}$

(12)

$45\overline{)3840}$

MF단계 4권

학교 연산 대비하자

연산 UP

MF

연산 UP 1

● 나눗셈을 하시오.

(1)

$$30\overline{)220}$$

(4)

$$80\overline{)512}$$

(2)

$$40\overline{)180}$$

(5)

$$90\overline{)643}$$

(3)

$$60\overline{)490}$$

(6)

$$21\overline{)186}$$

(7)

$43\overline{)251}$

(10)

$65\overline{)475}$

(8)

$58\overline{)432}$

(11)

$76\overline{)688}$

(9)

$84\overline{)396}$

(12)

$92\overline{)567}$

MF

연산 UP 3

● 나눗셈을 하시오.

(1)

$$20\overline{)270}$$

(4)

$$30\overline{)395}$$

(2)

$$40\overline{)490}$$

(5)

$$50\overline{)764}$$

(3)

$$60\overline{)810}$$

(6)

$$12\overline{)246}$$

(7)

$$24\overline{)287}$$

(8)

$$51\overline{)545}$$

(9)

$$65\overline{)800}$$

(10)

$$36\overline{)510}$$

(11)

$$58\overline{)938}$$

(12)

$$72\overline{)740}$$

연산 UP 5

● 나눗셈을 하시오.

(1)

$$25 \overline{)460}$$

(4)

$$46 \overline{)356}$$

(2)

$$38 \overline{)240}$$

(5)

$$17 \overline{)415}$$

(3)

$$54 \overline{)678}$$

(6)

$$62 \overline{)500}$$

(7)

$$33\overline{)672}$$

(8)

$$13\overline{)541}$$

(9)

$$63\overline{)296}$$

(10)

$$73\overline{)463}$$

(11)

$$23\overline{)738}$$

(12)

$$83\overline{)585}$$

● 빈 곳에 알맞은 수를 써넣으시오.

(1)

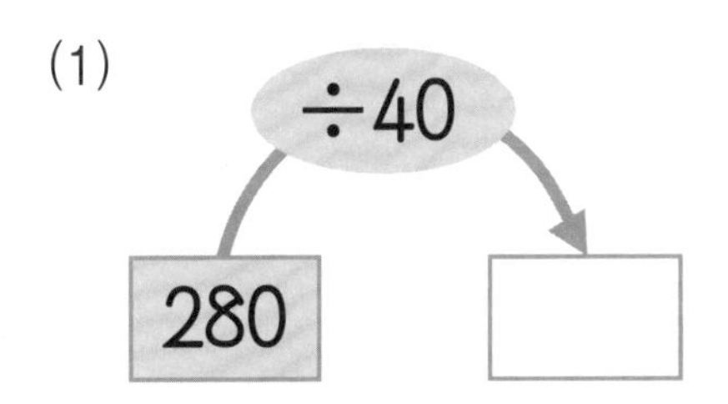

(5)

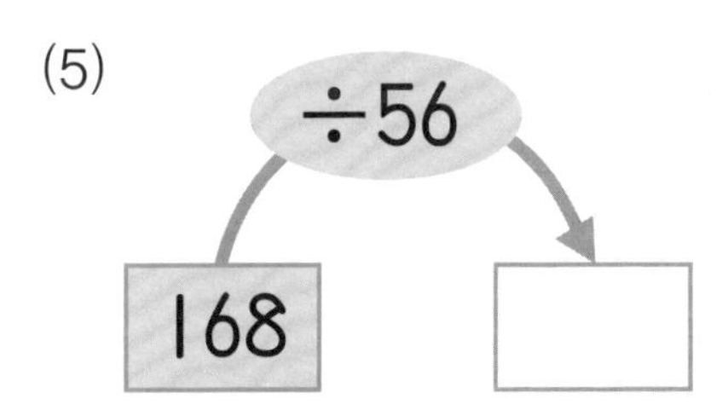

(2)

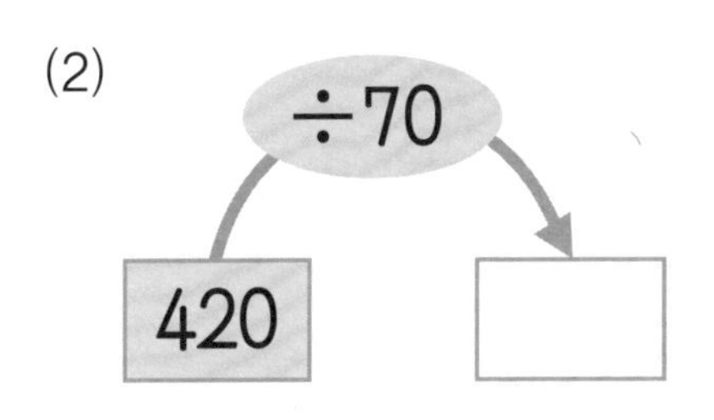

(6)

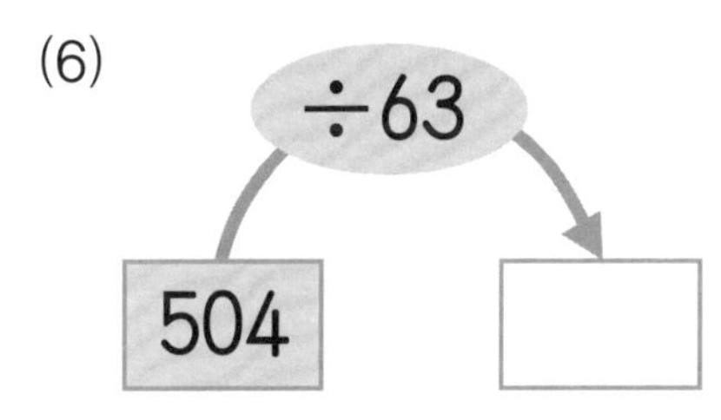

(3)

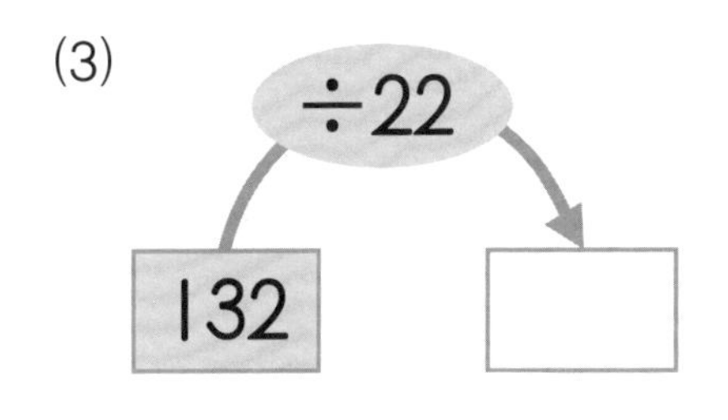

(7)

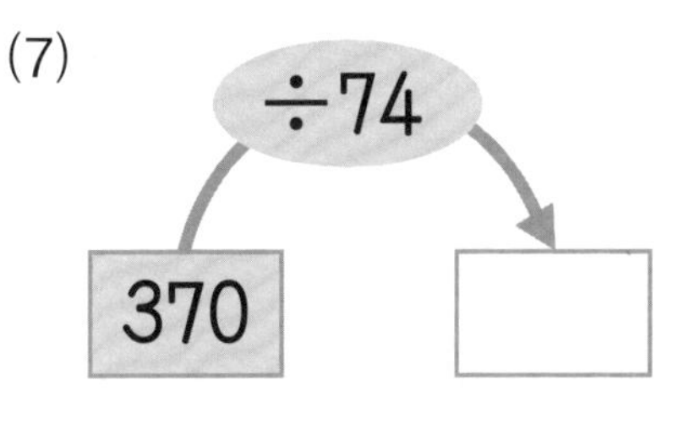

(4)

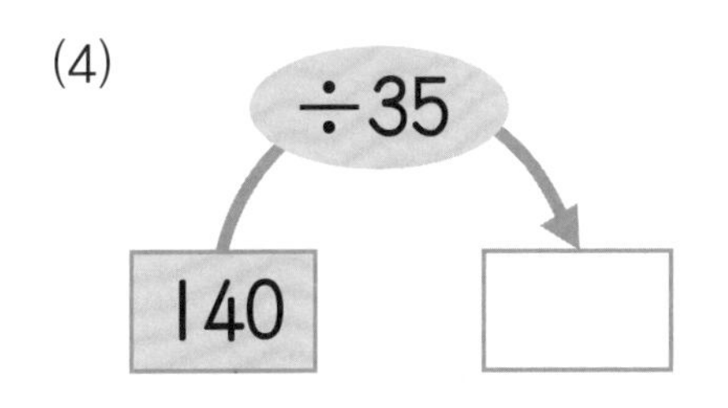

(8)

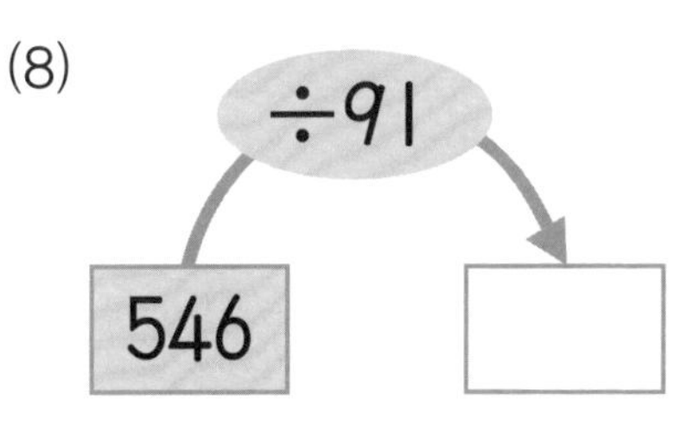

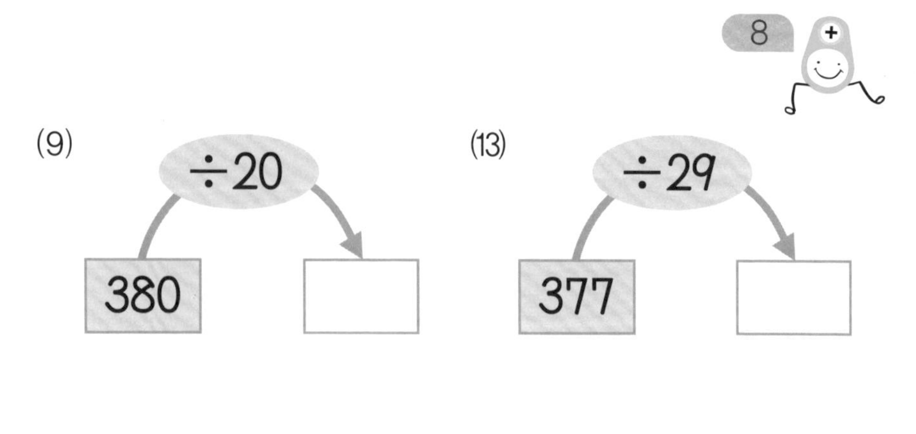
8
(9)
÷20
380
(13)
÷29
377

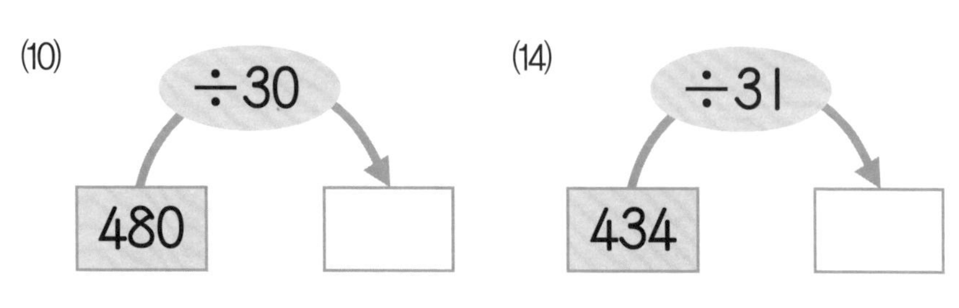
(10)
÷30
480
(14)
÷31
434

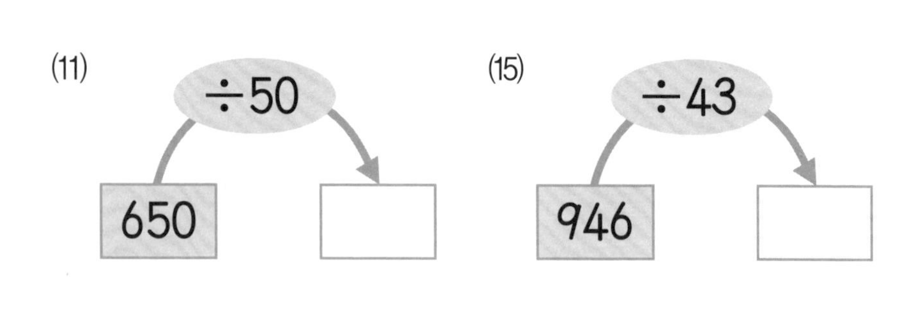
(11)
÷50
650
(15)
÷43
946

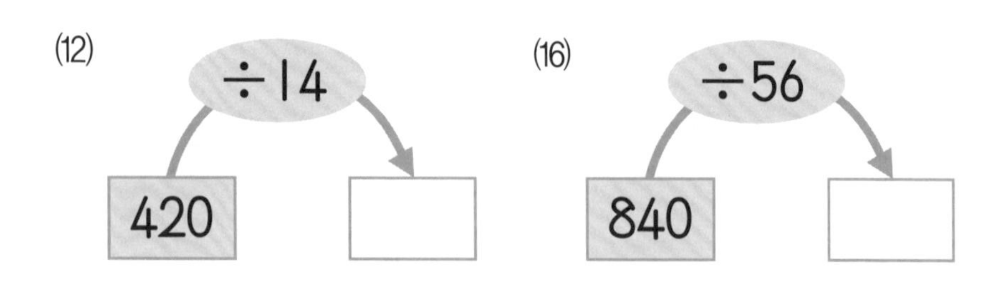
(12)
÷14
420
(16)
÷56
840

● □ 안에는 몫을, ○ 안에는 나머지를 써넣으시오.

(1)

÷

		몫	나머지
130	30		
220	40		

(4)

÷

		몫	나머지
234	30		
575	70		

(2)

÷

		몫	나머지
380	50		
510	60		

(5)

÷

		몫	나머지
183	40		
517	80		

(3)

÷

		몫	나머지
430	70		
670	80		

(6)

÷

		몫	나머지
271	50		
642	90		

10

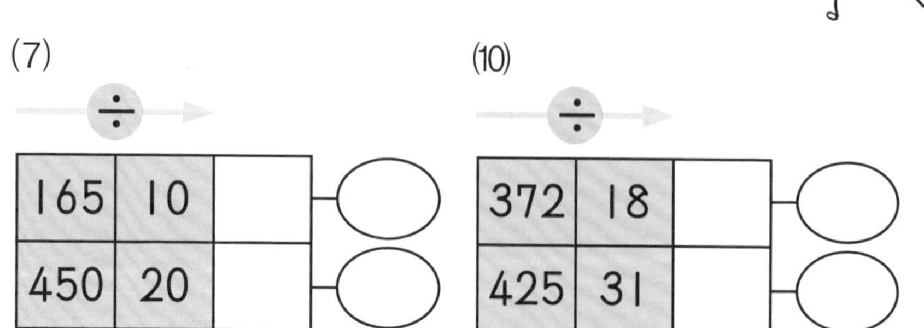
(7)
÷
165
10
450
20
(10)
÷
372
18
425
31

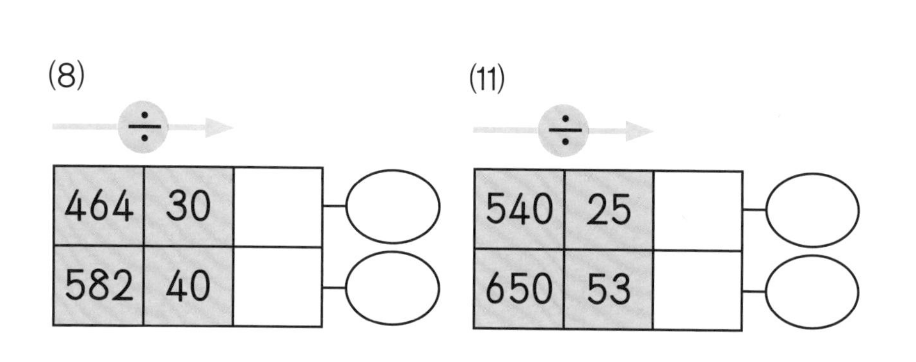
(8)
÷
464
30
582
40
(11)
÷
540
25
650
53

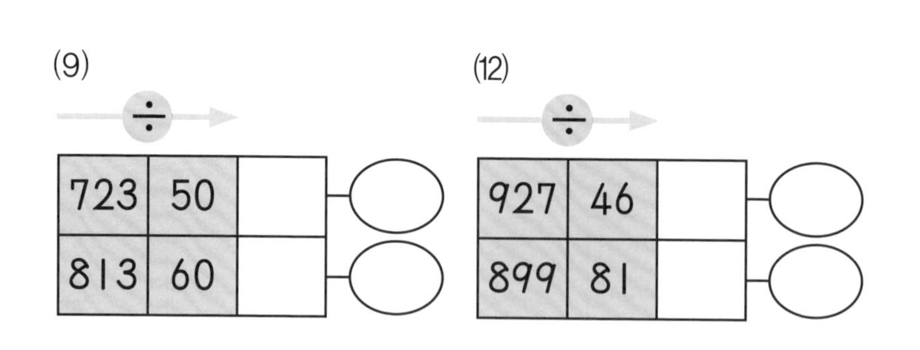
(9)
÷
723
50
813
60
(12)
÷
927
46
899
81

● □ 안에는 몫을, ○ 안에는 나머지를 써넣으시오.

(1)

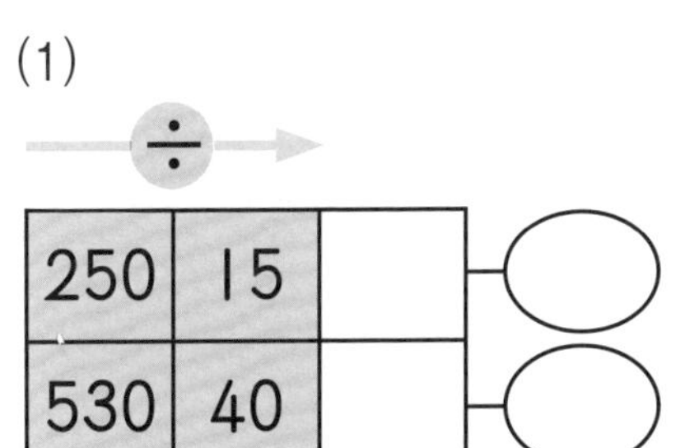

(2)

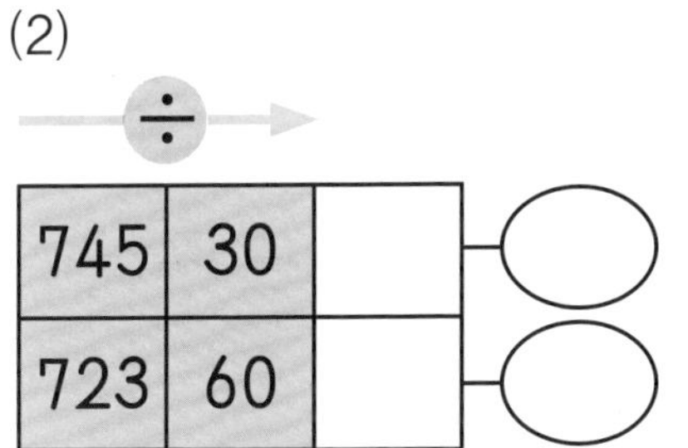

(3)

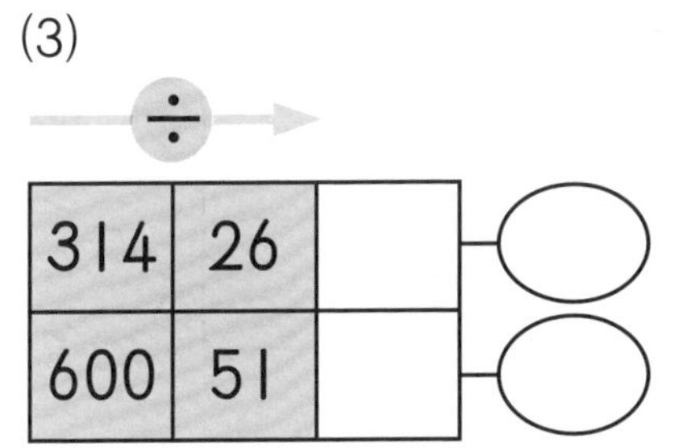

(4)

÷

312	40		○
430	82		○

(5)

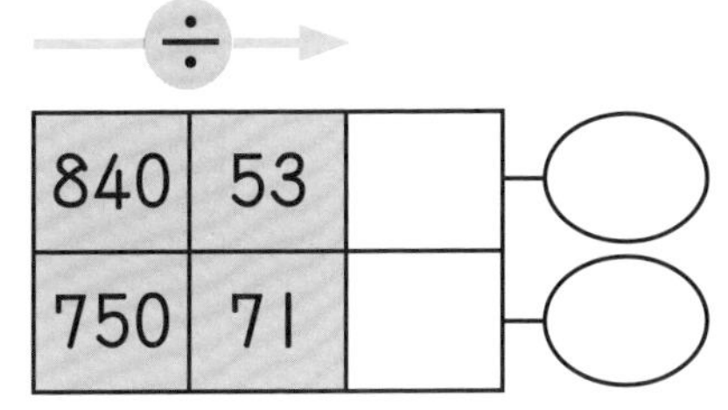

(6)

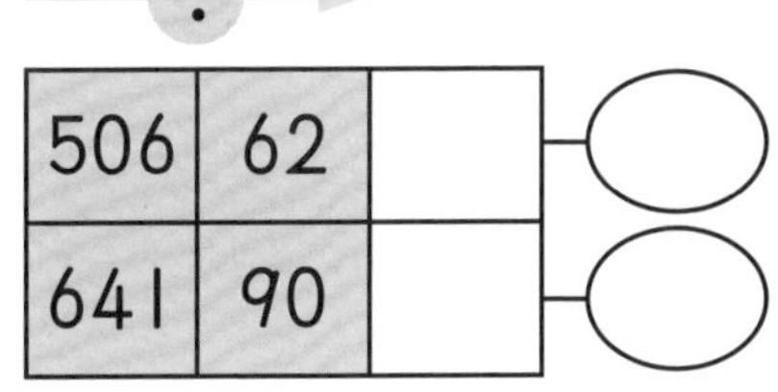

12

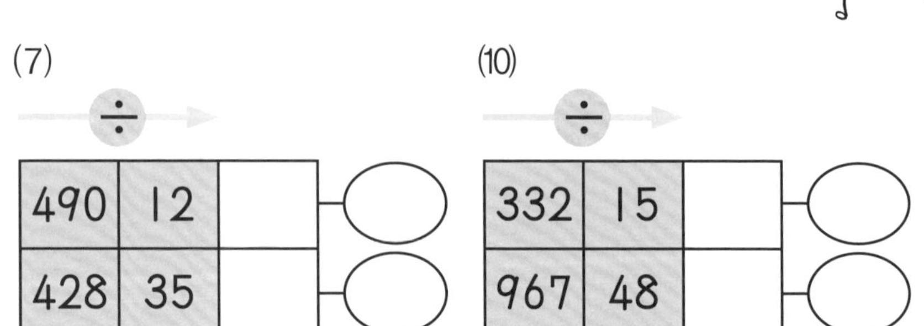
(7)
÷
490 12
428 35
(10)
÷
332 15
967 48

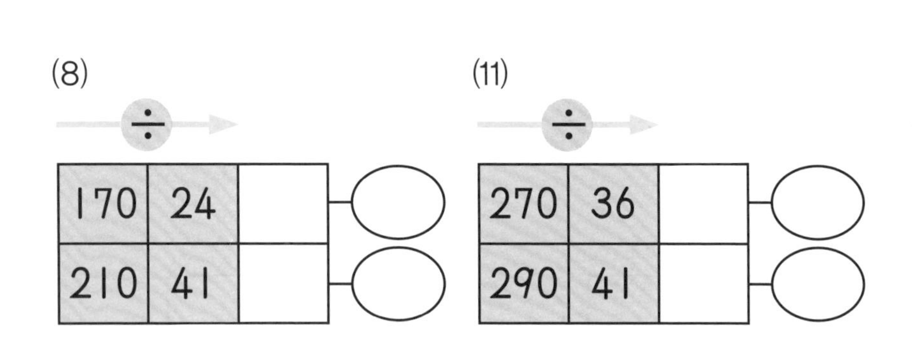
(8)
÷
170 24
210 41
(11)
÷
270 36
290 41

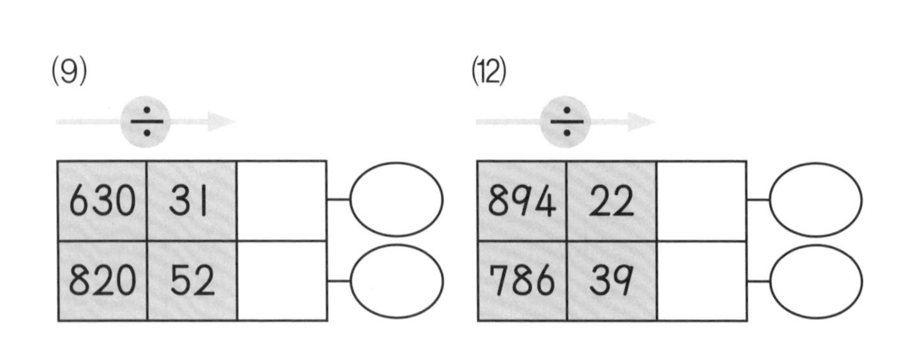
(9)
÷
630 31
820 52
(12)
÷
894 22
786 39

● 다음을 읽고 물음에 답하시오.

(1) 달걀 150개를 한 판에 30개씩 담았습니다. 달걀은 모두 몇 판이 됩니까?

( )

(2) 문구점에서 연필 810자루를 한 통에 30자루씩 꽂아 놓았습니다. 꽂아 놓은 연필은 몇 통이 됩니까?

( )

(3) 색종이 560장을 한 명에게 40장씩 나누어 주려고 합니다. 몇 명에게 나누어 줄 수 있습니까?

( )

(4) 운동장에 학생 300명이 있습니다. 한 줄에 25명씩 서면 학생은 몇 줄이 됩니까?

( )

(5) 우표 490장을 35명의 친구들에게 똑같이 나누어 주려고 합니다. 한 명에게 우표를 몇 장씩 주어야 합니까?

( )

(6) 초콜릿이 192개 있습니다. 한 상자에 24개씩 넣어 포장하면 모두 몇 상자를 포장할 수 있습니까?

( )

● 다음을 읽고 물음에 답하시오.

(1) 준서네 집에서는 수확한 쌀 738 kg을 한 자루에 20 kg씩 담으려고 합니다. 담고 남은 쌀은 몇 kg입니까?

( )

(2) 길이가 640 cm인 색 테이프를 한 도막이 62 cm가 되도록 자르려고 합니다. 색 테이프를 자르고 남은 도막은 몇 cm입니까?

( )

(3) 한라봉 250개를 한 상자에 35개씩 담으려고 합니다. 담고 남은 한라봉은 몇 개입니까?

( )

(4) 머리핀 한 개를 만드는 데 리본이 36 cm 필요합니다. 543 cm의 리본으로 만들 수 있는 머리핀은 몇 개가 되고, 몇 cm가 남습니까?

( ), ( )

(5) 고구마 130개를 한 봉지에 12개씩 담아서 팔려고 합니다. 몇 봉지가 되고, 몇 개가 남습니까?

( ), ( )

(6) 도서관에서 책 324권을 책꽂이 한 칸에 20권씩 꽂으려고 합니다. 꽂은 책은 몇 칸이 되고, 몇 권이 남습니까?

( ), ( )

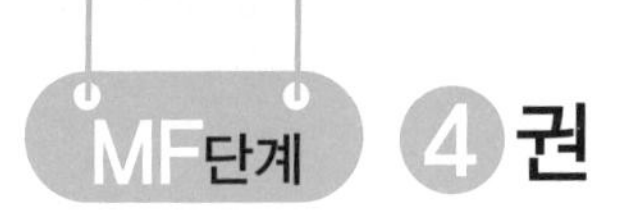

정 답

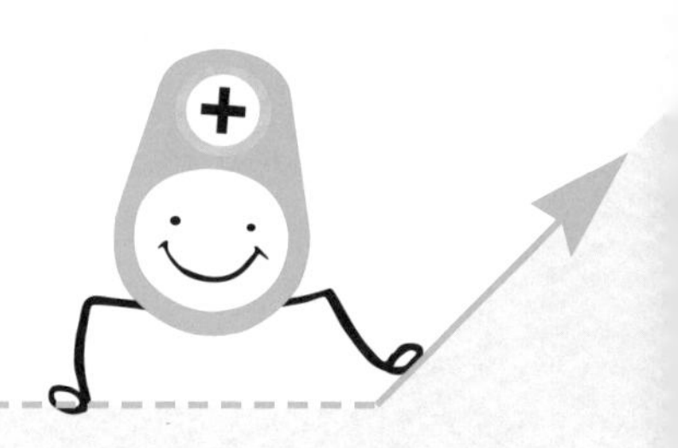

1주차	197
2주차	199
3주차	202
4주차	204
연산 UP	207

MF01

1	2	3	4	5	6	7	8
1) 2	(9) 2…12	(1) 6	(6) 7	(1) 9	(7) 4	(1) 9	(7) 5
2) 3…2	(10) 5	(2) 8	(7) 7	(2) 7	(8) 7	(2) 9	(8) 8
3) 2…6	(11) 2…24	(3) 5	(8) 8	(3) 7	(9) 4	(3) 3	(9) 5
4) 4…3	(12) 5…4	(4) 2	(9) 6	(4) 8	(10) 6	(4) 7	(10) 4
5) 1…5	(13) 2…3	(5) 6	(10) 9	(5) 9	(11) 8	(5) 6	(11) 7
6) 1…25	(14) 4…4		(11) 9	(6) 7	(12) 5	(6) 5	(12) 8
7) 5…5	(15) 7…2						
8) 6…8	(16) 3…15						

MF01

9	10	11	12	13	14	15	16
1) 5	(7) 3	(1) 4…10	(6) 7…20	(1) 6…30	(7) 6…30	(1) 9…20	(7) 2…30
2) 4	(8) 5	(2) 4…30	(7) 3…40	(2) 8…20	(8) 4…20	(2) 5…10	(8) 8…20
3) 4	(9) 3	(3) 6…20	(8) 3…10	(3) 4…20	(9) 7…40	(3) 1…70	(9) 7…40
4) 2	(10) 8	(4) 5…20	(9) 4…10	(4) 5…10	(10) 5…40	(4) 9…20	(10) 9…10
5) 2	(11) 6	(5) 6…20	(10) 2…50	(5) 3…50	(11) 6…50	(5) 5…40	(11) 5…50
6) 9	(12) 4		(11) 7…10	(6) 3…40	(12) 2…10	(6) 6…30	(12) 2…70

MF01

17	18	19	20	21	22	23	24
(1) 8…10	(7) 8…10	(1) 8…2	(7) 6…15	(1) 6…18	(7) 5…15	(1) 8…13	(7) 7…2
(2) 9…10	(8) 9…20	(2) 8…7	(8) 7…32	(2) 5…21	(8) 6…14	(2) 6…18	(8) 9…3
(3) 2…40	(9) 7…10	(3) 7…4	(9) 4…14	(3) 5…8	(9) 6…12	(3) 5…4	(9) 8…2
(4) 8…20	(10) 2…30	(4) 6…6	(10) 8…25	(4) 7…3	(10) 9…21	(4) 8…31	(10) 6…8
(5) 2…30	(11) 7…40	(5) 7…6	(11) 4…4	(5) 3…6	(11) 7…8	(5) 3…5	(11) 7…15
(6) 8…50	(12) 8…30	(6) 9…3	(12) 5…9	(6) 9…9	(12) 7…38	(6) 6…7	(12) 6…2

MF01

25	26	27	28	29	30	31	32
(1) 7…7	(7) 3…33	(1) 12…10	(6) 20…10	(1) 12…10	(7) 14	(1) 27…10	(7) 14…1
(2) 8…1	(8) 9…4	(2) 17	(7) 14…30	(2) 17…10	(8) 12…20	(2) 10…50	(8) 13…4
(3) 5…2	(9) 6…25	(3) 10…20	(8) 21	(3) 16	(9) 22…10	(3) 14…20	(9) 10…4
(4) 6…15	(10) 2…43	(4) 12…30	(9) 11…50	(4) 16	(10) 13…30	(4) 15…30	(10) 12
(5) 3…6	(11) 6…72	(5) 14…10	(10) 11…10	(5) 10…30	(11) 10…50	(5) 16	(11) 13…5
(6) 4…43	(12) 8…11		(11) 13…10	(6) 24…20	(12) 10…50	(6) 11…60	(12) 11…3

MF01

33	34	35	36	37	38	39	40
1) 21…10	(7) 18…10	(1) 12…5	(7) 22…11	(1) 25…14	(7) 13…12	(1) 15…9	(7) 15…6
2) 12	(8) 10…70	(2) 12…5	(8) 12…28	(2) 23…6	(8) 19…4	(2) 13…8	(8) 11…24
3) 16…10	(9) 38…10	(3) 11…7	(9) 14…12	(3) 17…23	(9) 12…15	(3) 10…52	(9) 13…28
4) 11…30	(10) 23	(4) 13…2	(10) 21…18	(4) 16…47	(10) 21…22	(4) 31…17	(10) 21…34
5) 19…10	(11) 11…40	(5) 23…3	(11) 20…3	(5) 11…5	(11) 11…13	(5) 13…45	(11) 11…28
6) 11…40	(12) 10…60	(6) 31…1	(12) 14…14	(6) 13…8	(12) 10…56	(6) 13…23	(12) 11…5

MF02

1	2	3	4	5	6	7	8
1) 7	(7) 8…9	(1) 10	(7) 30	(1) 20	(7) 15…10	(1) 14…2	(7) 11…34
2) 9…10	(8) 4…54	(2) 35	(8) 14…14	(2) 13…14	(8) 23…9	(2) 11…2	(8) 18…26
3) 12…20	(9) 16	(3) 14…4	(9) 12…16	(3) 24…22	(9) 28…18	(3) 17…22	(9) 23…1
4) 24…15	(10) 13…25	(4) 14…2	(10) 14…8	(4) 21…27	(10) 13…36	(4) 19…5	(10) 14
5) 2…20	(11) 6…37	(5) 17…9	(11) 21…28	(5) 12…12	(11) 20	(5) 15	(11) 13…24
6) 18…22	(12) 9…33	(6) 14…20	(12) 14…30	(6) 17…9	(12) 13…55	(6) 22…4	(12) 13…4

MF02

9	10	11	12	13	14	15	16
(1) 13…1	(7) 15…20	(1) 12…10	(7) 25…10	(1) 15	(7) 12…6	(1) 17…14	(7) 15…
(2) 10…10	(8) 14…4	(2) 15	(8) 19…3	(2) 12…26	(8) 29…5	(2) 25…10	(8) 12…
(3) 12…18	(9) 18	(3) 16…8	(9) 21…13	(3) 12…68	(9) 15	(3) 11	(9) 32…
(4) 12…18	(10) 18…30	(4) 12…16	(10) 30	(4) 11…4	(10) 17…20	(4) 15…5	(10) 41…
(5) 25	(11) 28…16	(5) 22…2	(11) 12…20	(5) 26…25	(11) 13…11	(5) 20…30	(11) 17
(6) 16…10	(12) 17…16	(6) 11…29	(12) 13…1	(6) 20…20	(12) 16…12	(6) 15	(12) 15…

MF02

17	18	19	20	21	22	23	24
(1) 11…8	(7) 16…4	(1) 12	(7) 11…11	(1) 18…9	(7) 30…15	(1) 13…3	(7) 17…
(2) 16…6	(8) 24…12	(2) 11…6	(8) 13	(2) 21…3	(8) 37…14	(2) 21	(8) 15…
(3) 40…10	(9) 18	(3) 22…6	(9) 20…27	(3) 18…15	(9) 21…21	(3) 12…1	(9) 18
(4) 19…20	(10) 28…10	(4) 14…8	(10) 30…6	(4) 12	(10) 16	(4) 16…33	(10) 16…
(5) 16…38	(11) 15	(5) 24…1	(11) 19…19	(5) 15…52	(11) 20…6	(5) 25…19	(11) 32…
(6) 25	(12) 18…4	(6) 12…19	(12) 11…50	(6) 11…15	(12) 17…52	(6) 12…21	(12) 14…

MF02

25	26	27	28	29	30	31	32
(1) 16···9	(7) 15···31	(1) 4	(7) 7···9	(1) 5	(7) 6	(1) 8···24	(7) 7···16
(2) 17···3	(8) 16···6	(2) 5	(8) 9···42	(2) 8···50	(8) 8···28	(2) 3···34	(8) 9···3
(3) 12···4	(9) 15···12	(3) 2···34	(9) 8···22	(3) 9···55	(9) 8···4	(3) 7···56	(9) 9···55
(4) 20···12	(10) 18···14	(4) 6···16	(10) 8	(4) 8···44	(10) 6···18	(4) 5	(10) 6···2
(5) 12	(11) 18	(5) 7···19	(11) 5···10	(5) 9···34	(11) 9···36	(5) 8···8	(11) 8
(6) 33···9	(12) 12···49	(6) 6···42	(12) 8···36	(6) 7···43	(12) 9···83	(6) 5···60	(12) 8···50

MF02

33	34	35	36	37	38	39	40
(1) 4···14	(7) 8	(1) 6	(7) 9···23	(1) 7···1	(7) 7···25	(1) 6···18	(7) 8···11
(2) 9···14	(8) 6···26	(2) 8···39	(8) 4···9	(2) 6···10	(8) 5···2	(2) 9	(8) 7···93
(3) 4···22	(9) 5···5	(3) 6···5	(9) 6···28	(3) 9···71	(9) 8	(3) 5···63	(9) 5
(4) 8···30	(10) 7···2	(4) 2···24	(10) 9···1	(4) 9···3	(10) 5···75	(4) 3···31	(10) 7···49
(5) 8	(11) 9···90	(5) 2···52	(11) 7	(5) 8···36	(11) 8···69	(5) 4···8	(11) 5···60
(6) 9···22	(12) 9···24	(6) 7···58	(12) 6···36	(6) 8···9	(12) 9···76	(6) 7···29	(12) 9···19

MF03

1	2	3	4	5	6	7	8
(1) 26	(7) 17···2	(1) 16···7	(7) 5···20	(1) 3···35	(7) 9	(1) 16···16	(7) 5··
(2) 6···15	(8) 5···20	(2) 7···26	(8) 16···18	(2) 20···14	(8) 18···10	(2) 7	(8) 5··
(3) 19···3	(9) 4	(3) 18···13	(9) 4···24	(3) 15	(9) 14···8	(3) 9···26	(9) 16
(4) 12···44	(10) 10···50	(4) 48···2	(10) 7···23	(4) 10···2	(10) 5···26	(4) 6···18	(10) 20·
(5) 5···30	(11) 9···66	(5) 5	(11) 13	(5) 7···50	(11) 21···2	(5) 11···16	(11) 11··
(6) 7···24	(12) 12···10	(6) 8···42	(12) 12···14	(6) 10···75	(12) 8···1	(6) 20···12	(12) 9··

MF03

9	10	11	12	13	14	15	16
(1) 4	(7) 18···7	(1) 7···17	(7) 14···24	(1) 16	(7) 5···51	(1) 7···60	(7) 14··
(2) 32···2	(8) 18	(2) 7···37	(8) 28···21	(2) 5···8	(8) 13···20	(2) 12	(8) 6···
(3) 7··· 27	(9) 7···7	(3) 37···12	(9) 9	(3) 8···86	(9) 16···55	(3) 9···82	(9) 14··
(4) 15···2	(10) 8···19	(4) 14	(10) 7···8	(4) 20···13	(10) 6	(4) 36···3	(10) 8
(5) 5···38	(11) 16···18	(5) 16···28	(11) 13···47	(5) 7···35	(11) 7···70	(5) 7···10	(11) 9···
(6) 12···9	(12) 7···46	(6) 8···93	(12) 7···34	(6) 15···8	(12) 23···7	(6) 14···46	(12) 28··

MF03

17	18	19	20	21	22	23	24
1) 23	(7) 13…34	(1) 3…39	(7) 13…32	(1) 15	(7) 7…13	(1) 4…9	(7) 11…23
2) 15…6	(8) 16…36	(2) 13…28	(8) 7…19	(2) 8…10	(8) 19…39	(2) 4…24	(8) 9…26
3) 8…66	(9) 9	(3) 6…56	(9) 13…19	(3) 6…63	(9) 6	(3) 15…4	(9) 9
4) 8…51	(10) 6…44	(4) 7	(10) 6…6	(4) 12…19	(10) 18…5	(4) 18	(10) 21…7
5) 16…13	(11) 12…19	(5) 25…6	(11) 28	(5) 6…45	(11) 22…37	(5) 5…18	(11) 5…13
6) 8…56	(12) 8…78	(6) 14…25	(12) 9…25	(6) 11…12	(12) 8…62	(6) 20…7	(12) 26…13

MF03

25	26	27	28	29	30	31	32
1) 39…2	(7) 4	(1) 7…61	(7) 5	(1) 6…4	(7) 8…11	(1) 14…7	(7) 22
2) 12…59	(8) 11…49	(2) 5…54	(8) 14…21	(2) 27…20	(8) 15…3	(2) 3	(8) 7…21
3) 16	(9) 7…9	(3) 13…22	(9) 6…42	(3) 6…38	(9) 22…2	(3) 13…3	(9) 7…12
4) 5…38	(10) 5…3	(4) 15…12	(10) 21…9	(4) 16	(10) 22…23	(4) 25…28	(10) 4…23
5) 8…6	(11) 17…8	(5) 14	(11) 6…53	(5) 4…28	(11) 5…51	(5) 5…24	(11) 10…32
6) 7…21	(12) 14…31	(6) 140	(12) 14…11	(6) 115	(12) 8	(6) 374 …11	(12) 19…1

MF03

33	34	35	36	37	38	39	40
(1) 20…14	(7) 20…1	(1) 6…39	(7) 9…69	(1) 21…1	(7) 12…51	(1) 9…32	(7) 25
(2) 6…12	(8) 4…56	(2) 15…1	(8) 22…2	(2) 6…21	(8) 29	(2) 16…23	(8) 4…5
(3) 22	(9) 19…16	(3) 9…3	(9) 8…18	(3) 6…38	(9) 6…45	(3) 8…16	(9) 16…4
(4) 6…7	(10) 6…60	(4) 20…32	(10) 9	(4) 5	(10) 3…25	(4) 32…12	(10) 3…2
(5) 4…26	(11) 24	(5) 5	(11) 35	(5) 25…31	(11) 8…2	(5) 4	(11) 16…3
(6) 275 …4	(12) 8…40	(6) 50	(12) 17…28	(6) 86…19	(12) 13…60	(6) 80…21	(12) 8…6

MF04

1	2	3	4	5	6	7	8
(1) 7	(9) 5…1	(1) 36…1	(9) 8	(1) 3…2	(9) 9…2	(1) 6…6	(9) 7…6
(2) 20…1	(10) 9	(2) 4…4	(10) 19…2	(2) 12	(10) 25…1	(2) 18…1	(10) 13
(3) 7…2	(11) 12…1	(3) 18…3	(11) 16…3	(3) 15…2	(11) 13…3	(3) 21…2	(11) 24…
(4) 28…1	(12) 13…5	(4) 19	(12) 15…5	(4) 16…2	(12) 10…6	(4) 13…1	(12) 6…4
(5) 6…6	(13) 15…3	(5) 4…2	(13) 26…1	(5) 16…1	(13) 6	(5) 4…6	(13) 16…
(6) 16…3	(14) 8…7	(6) 6	(14) 7…4	(6) 6…2	(14) 13…4	(6) 14	(14) 17…
(7) 11	(15) 16	(7) 21…1	(15) 18…2	(7) 16…4	(15) 16…2	(7) 15…4	(15) 22…
(8) 9…5	(16) 7…4	(8) 12…2	(16) 3	(8) 27…1	(16) 22…1	(8) 14…4	(16) 14…

MF04

9	10	11	12	13	14	15	16
(1) 15…1	(9) 15	(1) 61…1	(7) 275…1	(1) 66…1	(7) 140…1	(1) 122	(7) 72…2
(2) 12…2	(10) 14…4	(2) 169	(8) 41…5	(2) 219…2	(8) 39…1	(2) 65…6	(8) 35
(3) 31	(11) 6…4	(3) 119…5	(9) 126…1	(3) 84…4	(9) 73…3	(3) 92…5	(9) 78…7
(4) 8…4	(12) 20…1	(4) 139…1	(10) 61…2	(4) 32…3	(10) 95…5	(4) 26…5	(10) 281…1
(5) 17…2	(13) 7…7	(5) 79…3	(11) 21	(5) 189	(11) 81	(5) 147…2	(11) 136…2
(6) 5…6	(14) 18…2	(6) 68…3	(12) 169…2	(6) 120…3	(12) 164…1	(6) 78…4	(12) 125…5
(7) 13…2	(15) 21…1		(13) 77…3		(13) 51…2		(13) 88…1
(8) 3…7	(16) 11…5		(14) 130…4		(14) 155…2		(14) 96…5

MF04

17	18	19	20	21	22	23	24
(1) 3	(9) 4…7	(1) 2…4	(9) 4…3	(1) 4	(9) 3	(1) 2…6	(9) 2…6
(2) 2…4	(10) 2	(2) 3…1	(10) 2	(2) 2…20	(10) 5…2	(2) 2…7	(10) 3…7
(3) 3…2	(11) 3…3	(3) 1…29	(11) 3…6	(3) 2…3	(11) 2	(3) 2	(11) 3
(4) 5…3	(12) 6…3	(4) 5…3	(12) 4…3	(4) 4…11	(12) 3…22	(4) 4…3	(12) 3…6
(5) 2…2	(13) 3	(5) 4	(13) 3	(5) 2…6	(13) 2…5	(5) 3	(13) 2…5
(6) 5…7	(14) 5…4	(6) 2…17	(14) 2…7	(6) 5	(14) 6…8	(6) 2…12	(14) 8
(7) 4…5	(15) 3…11	(7) 6	(15) 5…13	(7) 3…6	(15) 3…7	(7) 3…6	(15) 2…6
(8) 6…4	(16) 2…16	(8) 2…12	(16) 3…15	(8) 3…4	(16) 2…10	(8) 5…5	(16) 5…9

MF04

25	26	27	28	29	30	31	32
(1) 4…15	(7) 5…24	(1) 6	(7) 16…16	(1) 5…1	(7) 19…15	(1) 4	(7) 15·
(2) 7	(8) 5…41	(2) 8…3	(8) 6…44	(2) 6	(8) 21	(2) 21…1	(8) 9··
(3) 6…56	(9) 10…18	(3) 11…41	(9) 8…62	(3) 15…39	(9) 6…12	(3) 16…15	(9) 15
(4) 22…14	(10) 32	(4) 15…10	(10) 5…27	(4) 11…15	(10) 4…50	(4) 8…34	(10) 6··
(5) 7…9	(11) 9…54	(5) 5…28	(11) 15	(5) 5…49	(11) 5…60	(5) 12…10	(11) 23·
(6) 12…12	(12) 8…32	(6) 6…44	(12) 8…36	(6) 14…19	(12) 17…29	(6) 11…23	(12) 14··

MF04

33	34	35	36	37	38	39	40
(1) 5…10	(7) 16…22	(1) 5…49	(7) 17…9	(1) 14	(7) 16…13	(1) 21…10	(7) 14··
(2) 21…11	(8) 5…61	(2) 19	(8) 12…20	(2) 8…2	(8) 15…17	(2) 17…17	(8) 9…
(3) 11…27	(9) 19…39	(3) 35…11	(9) 7…64	(3) 15…32	(9) 8…2	(3) 12…42	(9) 12··
(4) 6	(10) 8…40	(4) 12…14	(10) 9	(4) 7…52	(10) 6	(4) 8…70	(10) 8…
(5) 14…4	(11) 21	(5) 5…50	(11) 15…14	(5) 13…3	(11) 17…34	(5) 6	(11) 28
(6) 116 …14	(12) 84…5	(6) 267 …2	(12) 77…12	(6) 39…36	(12) 208 …6	(6) 165 …10	(12) 85··

연산 UP

1	2	3	4
(1) 7…10	(7) 5…36	(1) 13…10	(7) 11…23
(2) 4…20	(8) 7…26	(2) 12…10	(8) 10…35
(3) 8…10	(9) 4…60	(3) 13…30	(9) 12…20
(4) 6…32	(10) 7…20	(4) 13…5	(10) 14…6
(5) 7…13	(11) 9…4	(5) 15…14	(11) 16…10
(6) 8…18	(12) 6…15	(6) 20…6	(12) 10…20

연산 UP

5	6	7	8
(1) 18…10	(7) 20…12	(1) 7	(9) 19
(2) 6…12	(8) 41…8	(2) 6	(10) 16
(3) 12…30	(9) 4…44	(3) 6	(11) 13
(4) 7…34	(10) 6…25	(4) 4	(12) 30
(5) 24…7	(11) 32…2	(5) 3	(13) 13
(6) 8…4	(12) 7…4	(6) 8	(14) 14
		(7) 5	(15) 22
		(8) 6	(16) 15

연산 UP

9	10	11	12
(1) 4⋯10, 5⋯20	(7) 16⋯5, 22⋯10	(1) 16⋯10, 13⋯10	(7) 40⋯10, 12⋯8
(2) 7⋯30, 8⋯30	(8) 15⋯14, 14⋯22	(2) 24⋯25, 12⋯3	(8) 7⋯2, 5⋯5
(3) 6⋯10, 8⋯30	(9) 14⋯23, 13⋯33	(3) 12⋯2, 11⋯39	(9) 20⋯10, 15⋯4
(4) 7⋯24, 8⋯15	(10) 20⋯12, 13⋯22	(4) 7⋯32, 5⋯20	(10) 22⋯2, 20⋯7
(5) 4⋯23, 6⋯37	(11) 21⋯15, 12⋯14	(5) 15⋯45, 10⋯40	(11) 7⋯18, 7⋯3
(6) 5⋯21, 7⋯12	(12) 20⋯7, 11⋯8	(6) 8⋯10, 7⋯11	(12) 40⋯14, 20⋯

연산 UP

13	14	15	16
(1) 5판	(4) 12줄	(1) 18 kg	(4) 15개, 3 cm
(2) 27통	(5) 14장	(2) 20 cm	(5) 10봉지, 10개
(3) 14명	(6) 8상자	(3) 5개	(6) 16칸, 4권